中等职业教育数字艺术类规划教材

边做边学

Flash CS4

动漫制作

案例教程

■ 孟娜 编著

U0318165

人民邮电出版社

北京

图书在版编目（CIP）数据

Flash CS4动漫制作案例教程 / 孟娜编著. -- 北京
：人民邮电出版社，2013.5（2019.6重印）
（边做边学）
中等职业教育数字艺术类规划教材
ISBN 978-7-115-31448-2

Ⅰ．①F… Ⅱ．①孟… Ⅲ．①动画制作软件—中等专
业学校—教材 Ⅳ．①TP391.41

中国版本图书馆CIP数据核字(2013)第071905号

内 容 提 要

本书全面系统地介绍 Flash CS4 的基本操作方法和网页动画的制作技巧，并对其在网络设计领域的应用做了深入的介绍，包括初识 Flash CS4、卡片设计、标志制作、广告设计、电子相册、节目片头与 MTV、网页应用、组件与游戏等内容。

本书内容的介绍均以课堂实训案例为主线，通过案例的操作，学生可以快速熟悉案例的设计理念。书中的软件相关功能解析部分可以使学生深入学习软件功能，课堂实战演练和课后综合演练可以提高学生的实际应用能力。本书配套光盘中包含了书中所有案例的素材及效果文件，以利于教师授课，学生练习。

本书可作为中等职业学校数字艺术类专业 Flash CS4 课程的教材，也可供相关人员学习参考。

中等职业教育数字艺术类规划教材

边做边学——Flash CS4 动漫制作案例教程

♦　编　著　孟　娜

　　责任编辑　王　平

♦　人民邮电出版社出版发行　　北京市丰台区成寿寺路 11 号

邮编　100164　电子邮件　315@ptpress.com.cn

网址　http://www.ptpress.com.cn

北京九州迅驰传媒文化有限公司印刷

♦　开本：787×1092　1/16　　　彩插：1

印张：13.75　　　　　　　　　2013 年 5 月第 1 版

字数：333 千字　　　　　　　　2019 年 6 月北京第 8 次印刷

ISBN 978-7-115-31448-2

定价：38.00 元（附光盘）

读者服务热线：**(010)81055256**　印装质量热线：**(010)81055316**

反盗版热线：**(010)81055315**

广告经营许可证：京东工商广登字 20170147 号

前 言

Flash 是由 Adobe 公司开发的网页动画制作软件。它功能强大、易学易用，深受网页制作者和动画设计人员的喜爱，已经成为这一领域最流行的软件之一。目前，我国很多中等职业学校的数字艺术类专业都将 Flash 列为一门重要的专业课程。为了帮助中等职业学校的教师全面、系统地讲授这门课程，使学生能够熟练地使用 Flash 来进行动画设计，我们几位长期在中等职业学校从事 Flash 教学的教师与专业网页动画设计公司经验丰富的设计师合作，共同编写了本书。

根据中等职业学校的教学方向和教学特色，我们对本书的编写体系做了精心的设计。全书根据 Flash 在设计领域的应用方向来布置分章，每章按照"课堂实训案例—软件相关功能—课堂实战演练—课后综合演练"这一思路进行编排，力求通过课堂实训案例演练，使学生快速熟悉艺术设计理念和软件功能，通过软件相关功能解析使学生深入学习软件功能，通过课堂实战演练和课后综合演练提高学生的实际应用能力。

在内容编写方面，我们力求细致全面、重点突出；在文字叙述方面，我们注意言简意赅、通俗易懂；在案例选取方面，我们强调案例的针对性和实用性。

本书配套光盘中包含了书中所有案例的素材及效果文件。另外，为方便教师教学，本书配备了详尽的课堂实战演练和课后综合演练的操作步骤文稿、PPT 课件、教学大纲、商业实训案例文件等丰富的教学资源，任课教师可登录人民邮电出版社教学服务与资源网（www.ptpedu.com.cn）免费下载使用。本书的参考学时为 52 学时，各章的参考学时参见下面的学时分配表。

章　　节	课 程 内 容	课 时 分 配
第 1 章	初识 Flash CS4	4
第 2 章	卡片设计	6
第 3 章	标志制作	5
第 4 章	广告设计	6
第 5 章	电子相册	6
第 6 章	节目片头与 MTV	7
第 7 章	网页应用	5
第 8 章	组件与游戏	7
机　　动		6
课 时 总 计		52

本书由孟娜编著，由于编者水平有限，书中难免存在疏漏和不妥之处，敬请广大读者批评指正。

编 者
2013 年 1 月

目　　录

第1章 初识 Flash CS4

本章将详细介绍 Flash CS4 的基础知识和基本操作。读者通过学习本章要对 Flash CS4 有初步的认识和了解，并能够掌握软件的基本操作方法和应用技巧，为以后的学习打下一个坚实的基础。

课堂学习目标

- 掌握工作界面的基本操作
- 掌握设置文件的基本方法

1.1 界面操作

1.1.1 【操作目的】

通过打开文件和取消组合熟悉菜单栏的操作，通过选取图形和改变图形的大小熟悉工具箱中工具的使用方法，通过改变图形的颜色熟悉控制面板的使用方法。

1.1.2 【操作步骤】

步骤 1 打开 Flash 软件，选择"文件 > 打开"命令，弹出"打开"对话框。选择光盘中的"Ch01 > 素材 > 制作魔术插画"文件，单击"打开"按钮打开文件，如图 1-1 所示，显示 Flash 的软件界面。

步骤 2 选择"文件 > 导入 > 导入到舞台"命令，弹出"导入"对话框。选择光盘目录下的文件"人物"，单击"打开"按钮，图形被导入到舞台窗口中，"时间轴"面板中生成新的图层，如图 1-2 所示。

步骤 3 选择右侧的工具箱中的"任意变形"工具，选中人物图形，拖曳控制点，改变人物图形的大小。选择"选择"工具，移动图形到适当的位置，效果如图 1-3 所示。多次按 Ctrl+B 组合键将其打散，效果如图 1-4 所示。

步骤 4 在舞台窗口中的空白处单击鼠标，取消对图形的选择。选择人物的衣服图形，按 Shift+F9 组合键调出"颜色"面板，输入新的颜色值（#15EAC9），如图 1-5 所示。人物衣服的颜色发生改变，在舞台窗口的空白处单击鼠标，效果如图 1-6 所示。

步骤 5 按 Ctrl+S 组合键保存文件。

图 1-1

图 1-2

图 1-3

图 1-4

图 1-5

图 1-6

1.1.3 【相关工具】

1. 菜单栏

Flash CS4 的菜单栏依次分为："文件"菜单、"编辑"菜单、"视图"菜单、"插入"菜单、"修改"菜单、"文本"菜单、"命令"菜单、"控制"菜单、"调试"菜单、"窗口"菜单及"帮助"菜单，如图 1-7 所示。

文件(F)　编辑(E)　视图(V)　插入(I)　修改(M)　文本(T)　命令(C)　控制(O)　调试(D)　窗口(W)　帮助(H)

图 1-7

"文件"菜单：主要功能是创建、打开、保存、打印、输出动画，以及导入外部图形、图像、声音、动画文件，以便在当前动画中使用。

"编辑"菜单：主要功能是对舞台上的对象以及帧进行选择、复制、粘贴，以及自定义面板、设置参数等。

"视图"菜单：主要功能是进行环境的设置。

"插入"菜单：主要功能是向动画中插入对象。

"修改"菜单：主要功能是修改动画中的对象。

"文本"菜单：主要功能是修改文字的外观、对齐以及对文字进行拼写检查等。

"命令"菜单：主要功能是保存、查找、运行命令。

"控制"菜单：主要功能是测试、播放动画。

"调试"菜单：主要功能是启动调试器，检查和修改变量的值，让程序运行到某个定点然后停止等。

"窗口"菜单：主要功能是控制各功能面板是否显示以及面板的布局设置。

"帮助"菜单：主要功能是提供 Flash CS4 在线帮助信息和支持站点的信息，包括教程和 ActionScript 帮助。

2. 主工具栏

为方便用户使用，Flash CS4 将一些常用命令以按钮的形式组织在一起，置于操作界面的上方。主工具栏中包含"新建"按钮、"打开"按钮、"保存"按钮、"打印"按钮、"剪切"按钮、"复制"按钮、"粘贴"按钮、"撤销"按钮、"重做"按钮、"贴紧至对象"按钮、"平滑"按钮、"伸直"按钮、"旋转与倾斜"按钮、"缩放"按钮以及"对齐"按钮，如图 1-8 所示。

图 1-8

选择"窗口 > 工具栏 > 主工具栏"命令，可以调出主工具栏，还可以通过鼠标拖动改变工具栏的位置。

"新建"按钮 ：新建一个 Flash 文件。

"打开"按钮 ：打开一个已存在的 Flash 文件。

"转到 Bridge"按钮 ：用于打开文件浏览窗口，从中可以对文件进行浏览和选择。

"保存"按钮 ：保存当前正在编辑的文件，不退出编辑状态。

"打印"按钮 ：将当前编辑的内容送至打印机输出。

"剪切"按钮 ：将选中的内容剪切到系统剪贴板中。

"复制"按钮 ：将选中的内容复制到系统剪贴板中。

"粘贴"按钮 ：将剪贴板中的内容粘贴到选定的位置。

"撤销"按钮 ：取消前面的操作。

"重做"按钮 ↷：还原被取消的操作。

"贴紧至对象"按钮 🧲：单击此按钮进入贴紧状态，用于绘图时调整对象，以便准确定位，设置动画路径时能自动粘连。

"平滑"按钮 ⁺S：使曲线或图形的外观更光滑。

"伸直"按钮 ⁺⟨：使曲线或图形的外观更平直。

"旋转与倾斜"按钮 ↻：改变舞台对象的旋转角度和倾斜变形。

"缩放"按钮 ▣：改变舞台中对象的大小。

"对齐"按钮 ⊫：调整舞台中多个选中对象的对齐方式。

3．工具箱

工具箱中提供了用于图形绘制和编辑的各种工具，分为"工具"、"查看"、"颜色"、"选项" 4 个功能区，如图 1-9 所示。选择"窗口 > 工具"命令或按 Ctrl+F2 组合键，可以调出工具箱。

◎ "工具"区

"工具"区用于提供选择、创建、编辑图形的工具。

"选择"工具 ▶：选择和移动舞台上的对象，改变对象的大小和形状等。

"部分选取"选取工具 ▷：抓取、选择、移动和改变形状路径。

"任意变形"工具 ▦：对舞台上选定的对象进行缩放、扭曲、旋转变形。

"渐变变形"工具 ▨：对舞台上选定的对象填充渐变色变形。

"3D 旋转"工具 ⬤：可以在 3D 空间中旋转影片剪辑实例。在使用该工具选择影片剪辑后，3D 旋转控件出现在选定对象之上。x 轴为红色，y 轴为绿色，z 轴为蓝色。使用橙色的自由旋转控件可同时绕 x 和 y 轴旋转。

"3D 平移"工具 ⬛：可以在 3D 空间中移动影片剪辑实例。在使用该工具选择影片剪辑后，影片剪辑的 x、y 和 z3 个轴将显示在舞台上对象的顶部。x 轴为红色、y 轴为绿色、而 z 轴为黑色。应用此工具可以将影片剪辑分别沿着 x 轴、y 轴或 z 轴进行平移。

图 1-9

"套索"工具 ○：在舞台上选择不规则的区域或多个对象。

"钢笔"工具 ✎：绘制直线和光滑的曲线，调整直线长度、角度、曲线曲率等。

"文本"工具 T：创建、编辑字符对象和文本窗体。

"线条"工具 ╲：绘制直线段。

"矩形"工具 ▢：绘制矩形矢量色块或图形。

"椭圆"工具 ◯：绘制椭圆形、圆形矢量色块或图形。

"基本矩形"工具 ▢：绘制基本矩形，此工具用于绘制图元对象。图元对象时允许用户在属性面板中调整其特征的形状。可以在创建形状之后，精确地控制形状的大小、边角半径以及其他属性，而无须从头开始绘制。

"基本椭圆"工具 ◯：绘制基本椭圆形，此工具用于绘制图元对象。图元对象是允许用户在属性面板中调整特征的形状。可以在创建形状之后，精确地控制形状的开始角度、结束角度、内径以及其他属性，而无须从头开始绘制。

"多角星形"工具 ⬡：绘制等比例的多边形（单击"矩形"工具将弹出"多角星形"工具）。

"铅笔"工具 ✏：绘制任意形状的矢量图形。

"刷子"工具：绘制任意形状的矢量色块或图形。

"喷涂刷"工具：可以一次性地将形状图案"刷"到舞台上。默认情况下，喷涂刷使用当期选定的填充颜色喷射粒子点。也可以使用喷涂刷工具将影片剪辑或图形元件作为图案应用。

"Deco"工具：可以对舞台上的选定对象应用效果。在选择 Deco 工具后可以从属性面板中选择要应用的效果样式。

"骨骼"工具：可以向影片剪辑、图形和按钮实例添加 IK 骨骼。

"绑定"工具：可以编辑单个骨骼和形状控制点之间的链接。

"颜料桶"工具：改变色块的颜色。

"墨水瓶"工具：改变矢量线段、曲线、图形边框线的颜色。

"滴管"工具：将舞台图形的属性赋予当前绘图工具。

"橡皮擦"工具：擦除舞台上的图形。

◎ "查看"区

"查看"区用于改变舞台画面以便更好地进行观察。

"手形"工具：移动舞台画面以便更好地进行观察。

"缩放"工具：改变舞台画面的显示比例。

◎ "颜色"区

"颜色"区用于选择绘制、编辑图形的笔触颜色和填充颜色。

"笔触颜色"按钮：选择图形边框和线条的颜色。

"填充颜色"按钮：选择图形要填充区域的颜色。

"黑白"按钮：系统默认的颜色。

"交换颜色"按钮：可将笔触颜色和填充颜色进行交换。

◎ "选项"区

不同的工具有不同的选项，通过"选项"区可以为当前选择的工具进行属性设置。

4. 时间轴

时间轴用于组织和控制文件内容在一定时间内播放。按照功能的不同，"时间轴"窗口分为左、右两部分，即层控制区和时间线控制区，如图 1-10 所示。时间轴的主要组件是层、帧和播放头。

图 1-10

◎ 层控制区

层控制区位于时间轴的左侧。层就像堆叠在一起的多张幻灯胶片一样，每个层都包含一个显示在舞台中的不同图像。在层控制区中，可以显示舞台上正在编辑作品的所有层的名称、类型和状态，并可以通过工具按钮对层进行操作。

"新建图层"按钮：增加新层。

"新建文件夹"按钮：增加新的图层文件夹。

"删除"按钮：删除选定的层。

"显示/隐藏所有图层"按钮：控制选定层的显示/隐藏状态。

"锁定/解除锁定所有图层"按钮：控制选定层的锁定/解锁状态。

"显示所有图层的轮廓"按钮：控制选定层的显示图形外框/显示图形状态。

◎ 时间线控制区

时间线控制区位于时间轴的右侧，由帧、播放头、多个按钮及信息栏组成。与胶片一样，Flash 文档将时间长度分为帧。每个层中包含的帧显示在该层名右侧的一行中，时间轴顶部的时间轴标题指示帧编号，播放头指示舞台中当前显示的帧，信息栏显示当前帧编号、动画播放速率、到当前帧为止动画的运行时间等信息。时间线控制区中按钮的基本功能如下。

"帧居中"按钮：将当前帧显示到控制区窗口中间。

"绘图纸外观"按钮：在时间线上设置一个连续的显示帧区域，区域内的帧所包含的内容同时显示在舞台上。

"绘图纸外观轮廓"按钮：在时间线上设置一个连续的显示帧区域，除当前帧外，区域内的帧所包含的内容仅显示图形外框。

"编辑多个帧"按钮：在时间线上设置一个连续的显示帧区域，区域内的帧所包含的内容可同时显示和编辑。

"修改绘图纸标记"按钮：单击该按钮会弹出一个多帧显示选项菜单，用来定义 2 帧、5 帧或全部帧内容。

5. 场景和舞台

场景是所有动画元素的最大活动空间，如图 1-11 所示。像多幕剧一样，场景可以不止一个。要查看特定场景，可以选择"视图 > 转到"命令，再从其子菜单中选择场景的名称。

图 1-11

场景也就是常说的舞台，是编辑和播放动画的矩形区域。在舞台上可以放置并编辑矢量插图、文本框、按钮、导入的位图图形、视频剪辑等对象，舞台包括大小、颜色等设置。

在舞台上可以显示网格和标尺，帮助用户准确定位。显示网格的方法是选择"视图 > 网格 > 显示网格"命令或按 Ctrl+' 组合键，显示网格，如图 1-12 所示。显示标尺的方法是选择"视图 >

标尺"命令或按 Ctrl+Shift+Alt+R 组合键，显示标尺，如图 1-13 所示。

在制作动画时，还常常需要辅助线来作为舞台上不同对象的对齐标准。需要时可以从标尺上向舞台拖动鼠标以产生绿色的辅助线，如图 1-14 所示，它在动画播放时并不显示。不需要辅助线时，可以通过从舞台上向标尺方向拖动辅助线来进行删除，还可以通过"视图 > 辅助线 > 显示辅助线"命令显示出辅助线。选择"视图 > 辅助线 > 编辑辅助线"命令或按 Ctrl+Shift+Alt+G 组合键，可修改辅助线的颜色等属性。

图 1-12　　　　　　　图 1-13　　　　　　　图 1-14

6. "属性"面板

对于正在使用的工具或资源，使用"属性"面板可以很容易地查看和更改它们的属性，从而简化文档的创建过程。当选定单个对象时，如文本、组件、形状、位图、视频、组、帧等，"属性"面板中可以显示相应的信息和设置，如图 1-15 所示。当选定了两个或多个不同类型的对象时，"属性"面板中会显示选定对象的总数，如图 1-16 所示。

图 1-15　　　　　　　图 1-16

7. 浮动面板

使用面板可以查看、组合和更改资源。屏幕的大小有限，为了尽量使工作区最大，Flash CS4 提供了许多种自定义工作区的方式，如可以通过"窗口"菜单显示、隐藏面板，还可以通过鼠标拖动来调整面板的大小以及重新组合面板，如图 1-17 和图 1-18 所示。

图 1-17　　　　　　　　　　　　　　　图 1-18

1.2 文件设置

1.2.1 【操作目的】

通过打开效果文件熟练掌握打开命令，通过复制效果熟练掌握新建命令，通过关闭新建文件熟练掌握保存和关闭命令。

1.2.2 【操作步骤】

步骤 1 打开 Flash 软件，选择"文件 > 打开"命令，弹出"打开"对话框，如图 1-19 所示。选择光盘中的"Ch01 > 素材 > 绘制田园风光"文件，单击"打开"按钮打开文件，如图 1-20 所示。

图 1-19　　　　　　　　　　　　　　　图 1-20

步骤 2 按 Ctrl+A 组合键全选图形，如图 1-21 所示。按 Ctrl+C 组合键复制图形。选择"文件 > 新建"命令，在弹出的"新建文档"对话框中进行设置，如图 1-22 所示，单击"确定"按钮，新建一个空白文档。

图 1-21

图 1-22

步骤 3 按 Ctrl+V 组合键粘贴图形到新建的空白文档中，并拖曳到适当的位置，如图 1-23 所示。选择"文件 > 保存"命令，弹出"另存为"对话框，在"文件名"文本框中输入文件的名称，如图 1-24 所示，单击"保存"按钮保存文件。

图 1-23

图 1-24

步骤 4 选择"文件 > 导出 > 导出影片"命令，弹出"导出影片"对话框，在"文件名"文本框中输入新的名称，在"保存类型"选项下拉列表中选择"SWF 影片（*.swf）"，如图 1-25 所示，单击"保存"按钮，完成影片的输出。

图 1-25

步骤 5 单击舞台窗口右上角的按钮 ⊠，弹出提示对话框，如图 1-26 所示。单击"否"按钮，关闭窗口。再次单击舞台窗口右上角的按钮 ⊠，关闭打开的"绘制田园风光"文件。单击软件界面中标题栏右侧的"关闭"按钮 ⊠，可关闭软件。

图 1-26

1.2.3 【相关工具】

1. 新建文件

新建文件是使用 Flash CS4 进行设计的第一步。

选择"文件 > 新建"命令，弹出"新建文档"对话框，如图 1-27 所示。在该对话框中可以创建 Flash 文档，设置 Flash 影片的媒体和结构；可以创建 Flash 幻灯片演示文稿，演示幻灯片或多媒体等连续性内容；可以创建基于窗体的 Flash 应用程序，应用于 Internet；也可以创建用于控制影片的外部动作脚本文件等。选择完成后单击"确定"按钮，即可完成新建文件的任务，如图 1-28 所示。

图 1-27　　　　　　　　　　　　　　　　图 1-28

2. 打开文件

如果要修改已完成的动画文件，必须先将其打开。

选择"文件 > 打开"命令，弹出"打开"对话框，在对话框中搜索路径和文件，确认文件的类型和名称，如图 1-29 所示。然后单击"打开"按钮或直接双击要打开的文件，即可打开所指定的动画文件，如图 1-30 所示。

图 1-29

图 1-30

 技 巧 在"打开"对话框中也可以一次打开多个文件,只要在文件列表中将所需的几个文件选中,然后单击"打开"按钮,系统就将逐个打开这些文件,以免多次反复调用"打开"对话框。在"打开"对话框中,按住 Ctrl 键的同时,用鼠标单击可以选择不连续的文件,按住 Shift 键的同时用鼠标单击可以选择连续的文件。

3. 保存文件

编辑和制作完动画后,就需要将动画文件进行保存。

通过"文件"菜单中的"保存"、"保存并压缩"、"另存为"等命令可以将文件保存在磁盘上,如图 1-31 所示。当设计好作品进行第一次存储时,选择"保存"命令,弹出"另存为"对话框,如图 1-32 所示,在对话框中设置文件名称和保存类型,单击"保存"按钮,即可将动画保存。

 提 示 当对已经保存过的动画文件进行了各种编辑操作后,选择"保存"命令,将不再弹出"另存为"对话框,系统直接保留最终确认的结果,并覆盖原始文件。因此,在未确定是否要放弃原始文件之前,应慎用此命令。

图 1-31

图 1-32

若既要保留修改过的文件,又不想放弃原文件,可以选择"文件 > 另存为"命令,弹出"另存为"对话框,在对话框中可以为更改过的文件重新命名、选择路径、设定保存类型,然后进行保存。

4. 输出影片格式

Flash CS4 可以输出多种格式的动画或图形文件，一般包含以下几种常用类型。

◎ Flash 文档（*.swf）

SWF 动画是浏览网页时常见的动画格式，它是以.swf 为扩展名的文件，具有动画、声音和交互等功能，它需要在浏览器中安装 Flash 播放器插件才能观看。用户可以将整个文档导出为具有动画效果和交互功能的 Flash SWF 文件，以便将 Flash 内容导入其他应用程序中，如导入到 Dreamweaver 中。

在导出 SWF 文件时，选择的菜单命令不同，所产生的效果也不同。选择"导出图像"命令，将导出一个只包含当前帧内容的 SWF 文件，如果有元件在当前帧上应用了动画实例或音频对象，那么该帧中的动画或音频对象仍然可以播放。选择"导出影片"命令，可以生成一个完整的动画作品。

选择"文件 > 导出 > 导出影片"命令，弹出"导出影片"对话框，在"文件名"选项的文本框中输入要导出动画的名称，在"保存类型"选项的下拉列表中选择"SWF 影片（*.swf）"，如图 1-33 所示，单击"保存"按钮。

选择"文件 > 发布设置"命令，在弹出的对话框中选择"Flash"选项，弹出对话框，如图 1-34 所示。

图 1-33

图 1-34

"播放器"选项：可以选择 Flash 的各种版本进行导出。新版本的播放器可以播放旧版本的动画，但旧版本的播放器不能播放新版本的动画。将导出动画的版本适当地选低，有利于在网络上不同版本的播放器中进行播放，但低版本对某些效果不支持。

"脚本"选项：可以选择导出影片所使用的动作脚本的版本。可以使用 Flash CS4 默认的版本"ActionScript 3.0"，也可以使用以前的版本"ActionScript 2.0"。

在各选项组中的各复选框作用如下。

"生成大小报告"复选框：勾选此复选框，在导出影片的同时生成一个文本文档，其中详细记录帧、场景、元件及声音压缩后的大小，如图 1-35 所示。

"防止导入"复选框：在 Flash CS4 中可以将 SWF 格式的动画导入作为当前动画的一部分。如果不希望其他人随意地导入 SWF 动画，可以将导出的动画进行保护。勾选此复选框，下方的"密码"选项为可用，在"密码"文本框中输入要设定的密码即可，如图 1-36 所示。

图 1-35

图 1-36

"省略 trace 动作"复选框：勾选此复选框，可以省略当前影片中的跟踪动作。

"允许调试"复选框：勾选此复选框，可以对动画进行调试操作。

"压缩影片"复选框：勾选此复选框，可以将导出的影片进行压缩，从而减小影片的文件大小，缩短下载时间。在默认状态下，此复选框为选中。

"JPEG 品质"选项：如果导出的影片中存在位图，可以应用此选项对位图进行压缩。用户可以移动滑块调节数值，也可在文本框中直接输入数值。数值越大，品质越好，文件所占的存储空间也越大；数值越小，品质越低，文件所占的存储空间越小。

"音频流"和"音频事件"选项：可以设置导出影片中音频素材的压缩格式和参数。音频流中只要下载的前几帧有足够的数据，就可以与时间轴进行同步播放。音频事件必须完全下载后才能开始播放，如果不明确将其停止，它将一直连续播放。

"覆盖声音设置"复选框：勾选此复选框，"音频流"和"音频事件"选项中的设置将对影片中所有的音频对象起作用。如果不勾选此复选框，则"音频流"和"音频事件"选项中的设置只对在"属性"面板中没有设置压缩的音频素材起作用。

 提　示 在以 SWF 格式导出 Flash 文件时，文本以 Unicode 格式进行编码。Unicode 是一种文字信息的通用字符集编码标准，它是一种 16 位编码格式。也就是说，Flash 文件中的文字使用双位元组字符集进行编码。

5. 位图（*.bmp）

用户可以将 Flash 文档中当前帧上的对象导出为位图。

选择"文件 > 导出 > 导出图像"命令，弹出"导出图像"对话框，在"文件名"选项的文本框中输入要导出位图的名称，在"保存类型"选项的下拉列表中选择"位图序列（*.bmp）"，如图 1-37 所示。单击"保存"按钮，弹出"导出位图"对话框，如图 1-38 所示。

图 1-37

图 1-38

"尺寸"选项：设置导出位图的图像大小，Flash CS4 确保指定的大小始终与原始图像保持相同的高宽比。

"分辨率"选项：设置导出位图的图像分辨率，并且让 Flash CS4 根据图形的大小自动计算宽度和高度。单击"匹配屏幕"按钮，可以将分辨率设置为与显示器相匹配。

"颜色深度"选项：指定图形使用颜色的位数。

"平滑"复选框：消除导出位图的锯齿。勾选此复选框，可以产生高画质的位图图像。背景为彩色时，图形的边界可能会模糊，此时不勾选此复选框。

6. JPEG 图像（*.jpg）

用户可以将 Flash 文档中当前帧上的对象导出为 JPEG 位图文件。JPEG 格式图像为高压缩比的 24 位位图。JPEG 格式适合显示包含连续色调（如照片、渐变色或嵌入位图）的图像，其导出设置与位图（*.bmp）相似，这里不再赘述。

7. GIF 序列文件（*.gif）

网页中常见的动态图标大部分是 GIF 动画形式，它是由多个连续的 GIF 图像组成的，在 Flash 动画时间轴上的每一帧都会变为 GIF 动画中的一张图片。GIF 动画不支持声音和交互，并且比不含声音的 SWF 动画文件所占的存储空间大。

选择"文件 > 导出 > 导出影片"命令，弹出"导出影片"对话框，在"文件名"选项的文本框中输入要导出序列文件的名称，在"保存类型"选项的下拉列表中选择"GIF 序列（*.gif）"，如图 1-39 所示。单击"保存"按钮，弹出"导出 GIF"对话框，如图 1-40 所示。

"尺寸"选项：设置 GIF 动画的尺寸大小。

"分辨率"选项：设置导出动画的分辨率，并且让 Flash CS4 根据图形的大小自动计算宽度和高度。单击"匹配屏幕"按钮，可以将分辨率设置为与显示器相匹配。

"颜色"选项：创建导出图像的颜色数量。

"交错"复选框：勾选此复选框，浏览者在下载动画的过程中，动画以交互方式显示。

"透明"复选框：勾选此复选框，输出的 GIF 动画的背景色为透明。

"平滑"复选框：勾选此复选框，输出的 GIF 动画进行平滑处理。

"抖动纯色"复选框：勾选此复选框，对 GIF 动画中的色块进行抖动处理，以提高画面质量。

图 1-39　　　　　　　　　　　　　　　　　图 1-40

8.　Windows AVI（*.avi）

Windows AVI 是标准的 Windows 影片格式，它是一种很好的用于在视频编辑应用程序中打开 Flash 动画的格式。由于 AVI 是基于位图的格式，因此如果包含的动画很长或者分辨率比较高，文件所占的存储空间就会非常大。将 Flash 文件导出为 Windows 视频时，会丢失所有的交互性。

选择"文件 > 导出 > 导出影片"命令，弹出"导出影片"对话框，在"文件名"选项的文本框中输入要导出视频文件的名称，在"保存类型"选项的下拉列表中选择"Windows AVI（*.avi）"，如图 1-41 所示。单击"保存"按钮，弹出"导出 Windows AVI"对话框，如图 1-42 所示。

图 1-41　　　　　　　　　　　　　　　　　图 1-42

"尺寸"选项：可以指定 AVI 影片的宽度和高度，以像素为单位。当指定宽度和高度两者中的其中一个时，另一个尺寸会自动设置，这样会保持原始文档的高宽比。

"保持高宽比"复选框：取消对此复选框的勾选，可以分别设置宽度和高度。

"视频格式"选项：可以选择输出作品的颜色位数。目前许多应用程序不支持 32 位色的图像格式，如果使用这种格式时出现问题，可以使用 24 位色的图像格式。

"压缩视频"复选框：勾选此复选框，可以选择标准的 AVI 压缩选项。

"平滑"复选框：可以消除导出 AVI 影片中的锯齿。勾选此复选框，可以产生高质量的图像。背景为彩色时，AVI 影片可能会在图像的周围产生模糊，此时不勾选此复选框。

"声音格式"选项：设置音轨的取样比率和大小，以及是以单声还是以立体声导出声音。取样率高，声音的保真度就高，但占据的存储空间也大。取样比率和大小越小，导出的文件就越小，但可能会影响声音品质。

9. WAV 音频（*.wav）

用户可以将动画中的音频对象导出，并以 WAV 声音文件格式保存。

选择"文件 > 导出 > 导出影片"命令，弹出"导出影片"对话框，在"文件名"选项的文本框中输入要导出音频文件的名称，在"保存类型"选项的下拉列表中选择"WAV 音频（*.wav）"，如图 1-43 所示。单击"保存"按钮，弹出"导出 Windows WAV"对话框，如图 1-44 所示。

图 1-43

图 1-44

"声音格式"选项：可以设置导出声音的取样频率、比特率以及立体声或单声。

"忽略事件声音"复选框：勾选此复选框，可以从导出的音频文件中排除事件声音。

第2章 卡片设计

设计精美的 Flash 卡片可以传递温馨的祝福，带给大家无限的欢乐。本章以制作多个类别的卡片为例，为读者介绍卡片的设计方法和制作技巧，读者通过学习要能够独立地制作出自己喜爱的卡片。

 课堂学习目标

- 了解卡片的表现手法
- 掌握卡片的设计思路和流程
- 掌握卡片的制作方法和技巧

2.1 绘制沙滩风景

2.1.1 【案例分析】

本案例是为旅行杂志绘制的栏目插画。这期栏目介绍的是沙滩雪景，在插画绘制上要通过简洁的绘画语言表现出旅游地休闲放松的氛围。

2.1.2 【设计理念】

在设计过程中，通过蓝色的背景图和白色的雪花烘托出安静闲适的气氛。浅色的地面散发出柔和细腻的气息，显得素雅平静。红黄相间的冲浪板给画面添加了动感和活力的气氛，让人印象深刻。（最终效果参看光盘中的"Ch02 > 效果 > 绘制沙滩风景"，见图 2-1。）

2.1.3 【操作步骤】

1. 绘制沙滩风景

图 2-1

步骤 **1** 选择"文件 > 新建"命令，弹出"新建文档"对话框，单击"确定"按钮，进入新建文档舞台窗口。按 Ctrl+F3 组合键，弹出文档"属性"面板，单击"大小"选项后面的"编辑"按钮 编辑... ，弹出"文档属性"对话框，将"宽度"选项设为 400 像素，"高度"选项设为 446 像素，将"背景颜色"设为深蓝色（#0085D0），如图 2-2 所示。单击"确定"按钮，效果如图 2-3 所示。

图 2-2　　　　　　　　　　　　　　　图 2-3

步骤 2　在"时间轴"面板中将"图层 1"重新命名为"沙滩"。选择"铅笔"工具 ✏，在工具箱中将"笔触颜色"设为淡黄色（#FBEDD9），并在工具箱下方的"铅笔模式"选项组的下拉菜单中选中"平滑"选项。在舞台窗口的中间位置绘制出一条曲线。按住 Shift 键的同时，在曲线的下方绘制出 3 条直线，使曲线与直线形成闭合区域，效果如图 2-4 所示。

步骤 3　选择"颜料桶"工具 🪣，在工具箱中将"填充颜色"设为淡黄色（#FBEDD9），在闭合的区域中间单击鼠标填充颜色，效果如图 2-5 所示。

图 2-4　　　　　　　　　　　　　图 2-5

步骤 4　选择"铅笔"工具 ✏，在工具箱中将"笔触颜色"设为白色，并选中工具箱下方的"绘制对象"按钮 ◯。在舞台窗口的中间位置绘制出一个不规则的闭合路径，如图 2-6 所示。按 Ctrl+B 组合键将其打散。选择"颜料桶"工具 🪣，在工具箱中将"填充颜色"设为白色，在闭合路径区域的中间单击鼠标填充颜色，效果如图 2-7 所示。

步骤 5　用与上述相同的方法，使用"铅笔"工具 ✏ 再绘制出一个不规则的闭合路径，并将其填充为橘色（#F6D6AA），效果如图 2-8 所示。

图 2-6　　　　　　　　　　图 2-7　　　　　　　　　　图 2-8

2.　绘制冲浪板

步骤 1 在"时间轴"面板中单击"锁定/解除锁定所有图层"按钮 🔒 下方的小黑圆点，"沙滩"图层上显示出一个锁状图标 🔒，表示"沙滩"图层被锁定（被锁定的图层不能进行编辑）。单击"时间轴"面板下方的"新建图层"按钮 🗖，创建新图层并将其命名为"冲浪板"，如图 2-9 所示。选择"线条"工具 ＼，在工具箱中将"笔触颜色"设为橘黄色（#FFE61F），在场景中绘制出冲浪板的外边线，效果如图 2-10 所示。

步骤 2 选择"选择"工具 ▶，将光标放在冲浪板右上方边线上，光标下方出现圆弧形状 ，这表明可以将该直线转换为弧线，在直线的顶端部位按住鼠标并向右拖曳，直线变为弧线，如图 2-11 所示。用相同的方法把冲浪板边线上的所有直线转换为弧线，效果如图 2-12 所示。

图 2-9　　　　　　　图 2-10　　　　　　　图 2-11　　　　　　　图 2-12

步骤 3 选择"颜料桶"工具 🪣，在工具箱中将"填充颜色"设为橘黄色（#FFE61F），用鼠标单击冲浪板边线的内部填充颜色，效果如图 2-13 所示。用相同的方法，绘制出一个不规则闭合路径，并将其填充为红色（#EB0017），效果如图 2-14 所示。在"冲浪板"图层中单击"锁定/解除锁定所有图层"按钮 🔒 下方的小黑圆点，锁定"冲浪板"图层。单击"时间轴"面板下方的"新建图层"按钮 🗖，创建新图层并将其命名为"冲浪板阴影"，如图 2-15 所示。

图 2-13　　　　　图 2-14　　　　　　　图 2-15

步骤 4 选择"线条"工具 ＼，在工具箱中将"笔触颜色"设为深红色（#990000），在场景中的冲浪板上绘制出一条直线，如图 2-16 所示。选择"选择"工具 ▶，双击直线，使其处于选取状态，如图 2-17 所示。在"属性"面板中将"笔触"选项设为 5，按 Enter 键，效果如图 2-18 所示。

步骤 5 在空白处单击鼠标，取消直线选取状态。将光标放在直线边线上，光标下方出现圆弧形状 ，这表明可以将该直线转换为弧线，在直线的中心部位按住鼠标并向右拖曳，

图 2-16　　　图 2-17　　　图 2-18

直线变为弧线，如图 2-19 所示。将弧线的底端移动到适当的位置并微调弧线的弧度，效果如图
2-20 所示。

图 2-19　　　　图 2-20

步骤　6 用相同的方法绘制冲浪板其余阴影，并将其填充为深橘黄色（#FFB600），效果如图 2-21
所示。在"冲浪板阴影"图层中单击"锁定/解除锁定所有图层"按钮 下方的小黑圆点，锁定"冲
浪板阴影"图层。单击"时间轴"面板下方的"新建图层"按钮，创建新图层并将其命名为"冲
浪板高光"，如图 2-22 所示。选择"刷子"工具，在工具箱中将"填充颜色"设为白色，在工
具箱下方的"刷子大小"选项中将笔刷设为第 2 个，将"刷子形状"选项设为圆形，如图 2-23 所
示。在舞台窗口的冲浪板上绘制出高光，效果如图 2-24 所示。在"时间轴"面板中新建图层并将
其命名为"小冲浪板"。用与上述相同的方法再绘制出一个小冲浪板图形，并将其放置在适当的位
置，效果如图 2-25 所示。

图 2-21　　　　　　图 2-22　　　　　　图 2-23　　图 2-24　　　　图 2-25

3. 绘制雪花

步骤　1 在"小冲浪板"图层中单击"锁定/解除锁定所有图层"按钮 下方的小黑圆点，锁定
"小冲浪板"图层。单击"时间轴"面板下方的"新建图层"按钮，创建新图层并将其命名为
"雪花"，如图 2-26 所示。选择"椭圆"工具，在工具箱中将"笔触颜色"设为无，"填充颜色"
设为白色，按住 Shift 键的同时，在场景中绘制出一个圆形，如图 2-27 所示。按住 Alt 键，用鼠
标选中圆形并向其下方拖曳，可复制当前选中的圆形，效果如图 2-28 所示。

图 2-26　　　　　　图 2-27　　　　　　图 2-28

步骤 ② 选中复制出的圆形，选择"任意变形"工具 ，在圆形的周围出现 8 个控制点，效果如图 2-29 所示。按住 Shift+Alt 组合键，用鼠标向内侧拖曳右下方的控制点将圆形缩小，效果如图 2-30 所示。在场景中的任意地方单击，控制点消失，圆形被缩小，效果如图 2-31 所示。用相同的方法复制出多个圆形并改变它们的大小，效果如图 2-32 所示。沙滩风景绘制完成，按 Ctrl+Enter 组合键即可查看效果。

图 2-29　　　　　图 2-30　　　　　图 2-31　　　　　图 2-32

2.1.4 【相关工具】

1. 选择工具

选择"选择"工具 ，工具箱下方出现如图 2-33 所示的按钮，利用这些按钮可以完成以下工作。

图 2-33

"贴紧至对象"按钮 ：自动将舞台上的两个对象定位到一起，一般在制作引导层动画时可利用此按钮将关键帧的对象锁定到引导路径上，单击此按钮还可以将对象定位到网格上。

"平滑"按钮 ：可以柔化选择的曲线条。当选中对象时，此按钮变为可用。

"伸直"按钮 ：可以锐化选择的曲线条。当选中对象时，此按钮变为可用。

◎ **选择对象**

选择"选择"工具 ，在舞台中的对象上单击鼠标进行点选，如图 2-34 所示。按住 Shift 键再点选对象，可以同时选中多个对象，如图 2-35 所示。在舞台中拖曳出一个矩形框可以框选对象，如图 2-36 所示。

图 2-34　　　　　图 2-35　　　　　图 2-36

◎ **移动和复制对象**

选择"选择"工具 点选对象，如图 2-37 所示。按住鼠标左键不放，直接拖曳对象到任意位置，如图 2-38 所示。

选择"选择"工具 ▣ 点选对象，按住 Alt 键的同时拖曳选中的对象到任意位置，则选中的对象被复制，如图 2-39 所示。

  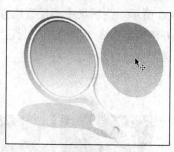

图 2-37   图 2-38   图 2-39

◎ 调整向量线条和色块

选择"选择"工具 ▣，将鼠标指针移至对象上，鼠标指针下方出现圆弧 ↘，如图 2-40 所示。拖动鼠标对选中的线条和色块进行调整，如图 2-41 所示。

图 2-40   图 2-41

2. 线条工具

选择"线条"工具 ◣，在舞台上单击鼠标，按住鼠标左键不放并向右拖动到需要的位置，绘制出一条直线，松开鼠标，直线效果如图 2-42 所示。在线条工具"属性"面板中可以设置不同的线条颜色、线条粗细、线条类型，如图 2-43 所示。设置不同的线条属性后，绘制的线条如图 2-44 所示。

图 2-42   图 2-43   图 2-44

提 示 选择"线条"工具 时，如果按住 Shift 键的同时拖曳鼠标进行绘制，则限制线条工具只能在 45°或 45°的倍数方向绘制直线。线条工具无法设置填充属性。

3. 矩形工具

选择"矩形"工具 ，在舞台上单击并按住鼠标不放，向需要的位置拖曳鼠标，绘制出矩形图形，松开鼠标，矩形效果如图 2-45 所示。按住 Shift 键的同时绘制图形，可以绘制出正方形，如图 2-46 所示。

可以在矩形工具"属性"面板中设置不同的边框颜色、边框粗细、边框线型和填充颜色，如图 2-47 所示。设置不同的边框属性和填充颜色后，绘制的图形如图 2-48 所示。

图 2-45　　　　图 2-46　　　　　　　图 2-47　　　　　　　图 2-48

可以应用矩形工具绘制圆角矩形。选择"属性"面板，在"矩形边角半径"数值框中输入需要的数值，如图 2-49 所示。输入的数值不同，绘制出的圆角矩形也相对地不同，效果如图 2-50 所示。

图 2-49　　　　　　　　　　　　　　图 2-50

4. 铅笔工具

选择"铅笔"工具 ，在舞台上单击鼠标，按住鼠标不放，在舞台上随意绘制出线条，松开鼠标，线条效果如图 2-51 所示。如果想绘制出平滑或伸直的线条和形状，可以在工具箱下方的选项区域中为铅笔工具选择一种绘画模式，如图 2-52 所示。

"伸直"选项：可以绘制直线，并将接近三角形、椭圆、圆形、矩形和正方形的形状转换为这些常见的几何形状。

"平滑"选项：可以绘制平滑曲线。

"墨水"选项：可以绘制不用修改的手绘线条。

可以在铅笔工具"属性"面板中设置不同的线条颜色、线条粗细、线条类型，如图 2-53 所示。设置不同的线条属性后，绘制的图形如图 2-54 所示。

单击"属性"面板右侧的"自定义"按钮，弹出"笔

图 2-51　　　　图 2-52

触样式"对话框，如图 2-55 所示，在对话框中可以自定义笔触样式。

"4 倍缩放"复选框：可以放大 4 倍预览设置不同选项后所产生的效果。

"粗细"选项：可以设置线条的粗细。

"锐化转角"复选框：勾选此复选框可以使线条的转折效果变得明显。

"类型"选项：可以在下拉列表中选择线条的类型。

图 2-53　　　　　　　　图 2-54　　　　　　　　图 2-55

5. 椭圆工具

选择"椭圆"工具 ，在舞台上单击鼠标，按住鼠标不放，向需要的位置拖曳鼠标，绘制出椭圆图形，松开鼠标，图形效果如图 2-56 所示。在按住 Shift 键的同时绘制图形，可以绘制出圆形，效果如图 2-57 所示。

在椭圆工具"属性"面板中设置不同的边框颜色、边框粗细、边框线型和填充颜色，如图 2-58 所示。设置不同的边框属性和填充颜色后，绘制的图形如图 2-59 所示。

图 2-56　　　　图 2-57　　　　　　　　图 2-58　　　　　　　图 2-59

6. 刷子工具

选择"刷子"工具 ，在舞台上单击鼠标，按住鼠标不放，随意绘制出笔触，松开鼠标，图形效果如图 2-60 所示。在刷子工具"属性"面板中设置不同的笔触颜色和平滑度，如图 2-61 所示。

在工具箱的下方应用"刷子大小"选项 和"刷子形状"选项 ，可以设置刷子的大小与形状，设置不同的刷子形状后所绘制的笔触效果如图2-62所示。

图 2-60   图 2-61   图 2-62

系统在工具箱的下方提供了 5 种刷子的模式可供选择，如图 2-63 所示。

"标准绘画"模式：会在同一层的线条和填充上以覆盖的方式涂色。

"颜料填充"模式：对填充区域和空白区域进行涂色，其他部分（如边框线）不受影响。

"后面绘画"模式：在舞台上同一层的空白区域涂色，但不影响原有的线条和填充。

"颜料选择"模式：在选定的区域内进行涂色，未被选中的区域不能够涂色。

"内部绘画"模式：在内部填充上绘图，但不影响线条。如果在空白区域中开始涂色，该填充不会影响任何现有的填充区域。

应用不同的模式绘制出的效果如图 2-64 所示。

标准绘画   颜料填充   后面绘画   颜料选择   内部绘画

图 2-63   图 2-64

"锁定填充"按钮 ：先为刷子选择放射性渐变色彩，当没有单击此按钮时，用刷子绘制出的每个线条都有自己完整的渐变过程，线条与线条之间不会互相影响，如图 2-65 所示。当单击此按钮时，颜色的渐变过程形成一个固定的区域，在这个区域内，刷子绘制到的地方就会显示出相应的色彩，如图 2-66 所示。

在使用刷子工具涂色时，可以使用导入的位图作为填充。

导入粉色花图片，效果如图 2-67 所示。选择"窗口 > 颜色"命令，弹出"颜色"面板，

图 2-65   图 2-66

将"类型"选项设为"位图"，用刚才导入的位图作为填充图案，如图 2-68 所示。选择"刷子"工具 ，在窗口中随意绘制一些笔触，效果如图 2-69 所示。

图 2-67　　　　　　　图 2-68　　　　　　　图 2-69

7. 钢笔工具

选择"钢笔"工具，将鼠标指针放置在舞台上想要绘制曲线的起始位置，单击鼠标。此时出现第 1 个锚点，并且钢笔尖光标变为箭头形状，如图 2-70 所示。将鼠标指针放置在想要绘制的第 2 个锚点的位置，单击鼠标并按住不放，绘制出一条直线段，如图 2-71 所示。将鼠标指针向其他方向拖曳，直线转换为曲线，如图 2-72 所示。松开鼠标，一条曲线绘制完成，如图 2-73 所示。

图 2-70　　　　　　　图 2-71　　　　　　　　图 2-72　　　　　　　图 2-73

用相同的方法可以绘制出由多条曲线段组合而成的不同样式的曲线，如图 2-74 所示。

在绘制线段时，如果按住 Shift 键再进行绘制，绘制出的线段将被限制为倾斜 45°的倍数，如图 2-75 所示。

图 2-74　　　　　　　　　　　图 2-75

在绘制线段时，"钢笔"工具的鼠标指针会产生不同的变化，并且其表示的含义也不同。

添加锚点：当鼠标指针变为时，如图 2-76 所示，在线段上单击鼠标就会增加一个锚点，这样有助于更精确地调整线段。增加节点后的效果如图 2-77 所示。

图 2-76　　　　　图 2-77

删除锚点：当鼠标指针变为时，如图 2-78 所示，在线段上单击锚点，就会将这个锚点删除。删除锚点后的效果如图 2-79 所示。

转换锚点：当鼠标指针变为时，如图 2-80 所示，在线段上单击锚点，就会将这个锚点从曲线节点转换为直线节点。转换节点后的效果如图 2-81 所示。

图 2-78　　　　　　　图 2-79　　　　　　　图 2-80　　　　　　　图 2-81

提　示　当选择"钢笔"工具绘画时，若在用铅笔、刷子、线条、椭圆或矩形工具创建的对象上单击，就可以调整对象的节点，以改变这些线条的形状。

8. 多角星形工具

应用多角星形工具可以绘制出不同样式的多边形和星形。选择"多角星形"工具，在舞台上单击鼠标，按住鼠标不放，向需要的位置拖曳鼠标，即可绘制出多边形，松开鼠标，多边形效果如图 2-82 所示。

可以在多角星形工具"属性"面板中设置不同的边框颜色、边框粗细、边框线型和填充颜色，如图 2-83 所示。设置不同的边框属性和填充颜色后，绘制的图形如图 2-84 所示。

图 2-82　　　　　　　　图 2-83　　　　　　　　图 2-84

单击属性面板下方的"选项"按钮，弹出"工具设置"对话框，如图 2-85 所示，在对话框中可以自定义多边形的各种属性。

"样式"选项：选择绘制多边形或星形。

"边数"选项：设置多边形的边数，其取值范围为 3~32。

"星形顶点大小"选项：输入一个 0~1 的数字以指定星形顶点的深度。此数字越接近 0，创建的顶点就越深。此选项在多边形的形状绘制中不起作用。

设置的数值不同，绘制出的多边形和星形也不同，如图 2-86 所示。

图 2-85　　　　　　　　　图 2-86

提　示　通过移动中心控制点可以改变渐变区域的位置。

9. 颜料桶工具

绘制桃子线框图形，如图 2-87 所示。选择"颜料桶"工具，在"属性"面板中设置填充颜色，如图 2-88 所示。在桃子的线框内单击鼠标，线框内被填充颜色，如图 2-89 所示。

系统在工具箱的下方设置了 4 种填充模式可供选择，如图 2-90 所示。

| 图 2-87 | 图 2-88 | 图 2-89 | 图 2-90 |

"不封闭空隙"模式：选择此模式时，只有在完全封闭的区域颜色才能被填充。

"封闭小空隙"模式：选择此模式时，当边线上存在小空隙时允许填充颜色。

"封闭中等空隙"模式：选择此模式时，当边线上存在中等空隙时允许填充颜色。

"封闭大空隙"模式：选择此模式时，当边线上存在大空隙时允许填充颜色。当选择"封闭大空隙"模式时，无论是小空隙还是中等空隙，都可以填充颜色。

根据线框空隙的大小应用不同的模式进行填充，效果如图 2-91 所示。

不封闭空隙模式　　封闭小空隙模式　　封闭中等空隙模式　　封闭大空隙模式

图 2-91

"锁定填充"按钮：可以对填充颜色进行锁定，锁定后填充颜色不能被更改。

没有单击此按钮时，填充颜色可以根据需要进行更改，如图 2-92 所示。

选择此按钮时，鼠标光标放置在填充颜色上，鼠标指针变为形状，填充颜色被锁定，不能随意更改，如图 2-93 所示。

| 图 2-92 | 图 2-93 |

10. 渐变变形工具

使用渐变变形工具可以改变选中图形的渐变填充效果。当图形的填充色为线性渐变色时，选择"渐变变形"工具，用鼠标单击图形，出现 3 个控制点和 2 条平行线，如图 2-94 所示。向图形中间拖动方形控制点，渐变区域缩小，如图 2-95 所示，效果如图 2-96 所示。

将鼠标指针放置在旋转控制点上，鼠标指针变为 ↻，拖动旋转控制点来改变渐变区域的角度，如图 2-97 所示，效果如图 2-98 所示。

图 2-94   图 2-95   图 2-96   图 2-97   图 2-98

当图形的填充色为放射状渐变色时，选择"渐变变形"工具，用鼠标单击图形，出现 4 个控制点和 1 个圆形外框，如图 2-99 所示。向图形外侧水平拖动方形控制点，水平拉伸渐变区域，如图 2-100 所示，效果如图 2-101 所示。

图 2-99   图 2-100   图 2-101

将鼠标指针放置在圆形边框中间的圆形控制点上，鼠标指针变为 ⊙ 形状，向图形内部拖动鼠标，缩小渐变区域，如图 2-102 所示，效果如图 2-103 所示。将鼠标指针放置在圆形边框外侧的圆形控制点上，鼠标指针变为 ↻ 形状，向上旋转拖动控制点，改变渐变区域的角度，如图 2-104 所示，效果如图 2-105 所示。

图 2-102   图 2-103   图 2-104   图 2-105

11. "颜色"面板

选择"窗口 > 颜色"命令或按 Shift+F9 组合键，弹出"颜色"面板。

◎ 自定义纯色

在"颜色"面板的"类型"选项的下拉列表中，选择"纯色"选项，面板效果如图 2-106 所示。

"笔触颜色"按钮 ✐ ■：可以设定矢量线条的颜色。

"填充颜色"按钮 ◇ ■：可以设定填充色的颜色。

"黑白"按钮 ▣：单击此按钮，笔触颜色与填充颜色恢复为系统默认的状态。

"无颜色"按钮 ☑：用于取消矢量线条或填充色块。当选择"椭圆"工具 ◯ 或"矩形"工具 ▭ 时，此按钮为可用状态。

"交换颜色"按钮 ⇄：单击此按钮，可以将笔触颜色和填充颜色互换。

"红"、"绿"、"蓝"选项：可以用精确的数值来设定颜色。

"Alpha"选项：用于设定颜色的不透明度，数值的选取范围为 0～100。

图 2-106

在"颜色"面板下方的颜色选择区域内，可以根据需要选择相应的颜色。

◎ **自定义线性渐变色**

在"颜色"面板的"类型"选项下拉列表中选择"线性"，面板效果如图 2-107 所示。将鼠标指针放置在滑动色带上，鼠标指针变为 ⮂，在色带上单击鼠标增加颜色控制点，并在面板的下方为新增加的控制点设定颜色及明度，如图 2-108 所示。当要删除控制点时，只需将控制点向色带下方拖曳即可。

◎ **自定义放射状渐变色**

在"颜色"面板的"类型"选项下拉列表中选择"放射状"，面板效果如图 2-109 所示。使用与定义线性渐变色相同的方法在色带上定义放射状渐变色，定义完成后在面板的左下方显示出定义的渐变色，如图 2-110 所示。

图 2-107   图 2-108   图 2-109   图 2-110

12. 任意变形工具

在制作图形的过程中，可以应用任意变形工具来改变图形的大小及倾斜度，也可以应用渐变变形工具改变图形中渐变填充颜色的渐变效果。

选中图形，按 Ctrl+B 组合键将其打散。选择"任意变形"工具 ▦，在图形的周围出现控制点，如图 2-111 所示。拖曳控制点改变图形的大小，如图 2-112 所示（按住 Shift 键，再拖曳控制点，可成比例地缩放图形）。

图 2-111   图 2-112

将鼠标指针放在 4 个角的控制点上时，鼠标指针变为 形状，如图 2-113 所示。拖动鼠标可以旋转图形，如图 2-114 和图 2-115 所示。

图 2-113   图 2-114   图 2-115

系统在工具箱的下方设置了 4 种变形模式可供选择，如图 2-116 所示。

"旋转与倾斜"模式 ：选中图形，选择"旋转与倾斜"模式，将鼠标指针放在图形上方中间的控制点上，鼠标指针变为 形状，按住鼠标不放，向右水平拖曳控制点，如图 2-117 所示。松开鼠标，图形变为倾斜，如图 2-118 所示。

图 2-116   图 2-117   图 2-118

"缩放"模式 ：选中图形，选择"缩放"模式，将鼠标指针放在图形右上方的控制点上，光标变为 形状，按住鼠标不放，向右上方拖曳控制点，如图 2-119 所示。松开鼠标，图形变大，如图 2-120 所示。

"扭曲"模式 ：选中图形，选择"扭曲"模式，将鼠标指针放在图形右上方的控制点上，鼠标指针变为 形状，按住鼠标不放，向右上方拖曳控制点，如图 2-121 所示。松开鼠标，图形扭曲，如图 2-122 所示。

图 2-119   图 2-120   图 2-121   图 2-122

"封套"模式 ：选中图形，选择"封套"模式，图形周围出现一些节点，调节这些节点来改变图形的形状。光标变为 形状，拖曳节点，如图 2-123 所示。松开鼠标，图形扭曲，如图 2-124

所示。

图 2-123   图 2-124

13. 图层的设置

◎ 层的快捷菜单

右键单击"时间轴"面板中的图层名称，弹出快捷菜单，如图 2-125
所示。

"显示全部"命令：用于显示所有的隐藏图层和图层文件夹。

"锁定其他图层"命令：用于锁定除当前图层以外的所有图层。

"隐藏其他图层"命令：用于隐藏除当前图层以外的所有图层。

"新建图层"命令：用于在当前图层上创建一个新的图层。

"删除图层"命令：用于删除当前图层。

"引导层"命令：用于将当前图层转换为普通引导层。

"添加传统运动引导层"命令：用于将当前图层转换为运动引导层。

"遮罩层"命令：用于将当前图层转换为遮罩层。

"显示遮罩"命令：用于在舞台窗口中显示遮罩效果。

图 2-125

"插入文件夹"命令：用于在当前图层上创建一个新的层文件夹。

"删除文件夹"命令：用于删除当前的层文件夹。

"展开文件夹"命令：用于展开当前的层文件夹，显示出其包含的图层。

"折叠文件夹"命令：用于折叠当前的层文件夹。

"展开所有文件夹"命令：用于展开"时间轴"面板中所有的层文件夹，显示出所包含的图层。

"折叠所有文件夹"命令：用于折叠"时间轴"面板中所有的层文件夹。

"属性"命令：用于设置图层的属性。

◎ 创建图层

为了分门别类地组织动画内容，需要创建普通图层。选择"插入 > 时间轴 > 图层"命令，
创建一个新的图层，或者在"时间轴"面板下方单击"新建图层"按钮，创建一个新的图层。

提 示 默认状态下，新创建的图层按"图层 1"、"图层 2"……的顺序进行命名，也可以根据需
要自行设定图层的名称。

◎ 选取图层

选取图层就是将图层变为当前图层，用户可以在当前图层上放置对象，添加文本和图形，还

可以进行编辑。要使图层成为当前图层的方法很简单，在"时间轴"面板中选中需要编辑的图层即可。当前图层会在"时间轴"面板中以蓝色显示，铅笔图标 ✐ 表示用户可以对该图层进行编辑，如图 2-126 所示。

按住 Ctrl 键的同时，用鼠标在要选择的图层上单击，可以一次选择多个图层，如图 2-127 所示。按住 Shift 键的同时，用鼠标单击两个图层，则在这两个图层中间的其他图层也会被同时选中，如图 2-128 所示。

图 2-126　　　　　　　　　图 2-127　　　　　　　　　图 2-128

◎ **排列图层**

可以根据需要，在"时间轴"面板中为图层重新排列顺序。

在"时间轴"面板中选中"图层 3"，如图 2-129 所示。按住鼠标不放，将"图层 3"向下拖曳，这时会出现一条实线，如图 2-130 所示。将实线拖曳到"图层 1"的下方，松开鼠标，则"图层 3"移动到"图层 1"的下方，如图 2-131 所示。

图 2-129　　　　　　　　　图 2-130　　　　　　　　　图 2-131

◎ **复制、粘贴图层**

可以根据需要，将图层中的所有对象复制并粘贴到其他图层或场景中。

在"时间轴"面板中单击要复制的图层，如图 2-132 所示，选择"编辑 > 时间轴 > 复制帧"命令，进行复制。在"时间轴"面板下方单击"新建图层"按钮，创建一个新的图层，选中新的图层，如图 2-133 所示，选择"编辑 > 时间轴 > 粘贴帧"命令，在新建的图层中粘贴复制的内容，如图 2-134 所示。

图 2-132　　　　　　　　　图 2-133　　　　　　　　　图 2-134

◎ **删除图层**

如果某个图层不再需要，可以将其进行删除。删除图层有以下两种方法：在"时间轴"面板中选中要删除的图层，在面板下方单击"删除"按钮，即可删除选中的图层，如图 2-135 所示；

还可在"时间轴"面板中选中要删除的图层，按住鼠标不放，将其向下拖曳，这时会出现实线，将实线拖曳到"删除"按钮 🗑 上进行删除，如图 2-136 所示。

图 2-135　　　　　　　　　　图 2-136

◎ 隐藏、锁定图层和图层的线框显示模式

（1）隐藏图层：动画经常是多个图层叠加在一起的效果，为了便于观察某个图层中对象的效果，可以把其他的图层先隐藏起来。

在"时间轴"面板中单击"显示或隐藏所有图层"按钮 👁 下方的小黑圆点，那么小黑圆点所在的图层就被隐藏，并且在该图层上显示出一个叉号图标 ✕，如图 2-137 所示，此时图层将不能被编辑。

在"时间轴"面板中单击"显示或隐藏所有图层"按钮 👁 ，面板中的所有图层将被同时隐藏，如图 2-138 所示。再单击一下此按钮，即可解除隐藏。

图 2-137　　　　　　　　　　图 2-138

（2）锁定图层：如果某个图层上的内容已符合要求，则可以锁定该图层，以避免内容被意外地更改。

在"时间轴"面板中单击"锁定或解除锁定所有图层"按钮 🔒 下方的小黑圆点，那么小黑圆点所在的图层就被锁定，并且在该图层上显示出一个锁状图标 🔒 ，如图 2-139 所示，此时图层将不能被编辑。

在"时间轴"面板中单击"锁定或解除锁定所有图层"按钮 🔒 ，面板中的所有图层将被同时锁定，如图 2-140 所示。再单击此按钮，即可解除锁定。

（3）图层的线框显示模式：为了便于观察图层中的对象，可以将对象以线框的模式进行显示。

在"时间轴"面板中单击"将所有图层显示轮廓"按钮 ☐ 下方的实色正方形，那么实色正方形所在图层中的对象就呈线框模式显示，在该图层上实色正方形变为线框图标 ☐ ，如图 2-141 所示，此时并不影响编辑图层。

在"时间轴"面板中单击"将所有图层显示轮廓"按钮 ☐ ，面板中的所有图层将同时以线框模式显示，如图 2-142 所示。再单击此按钮，即可返回到普通模式。

图 2-139　　　　　　图 2-140　　　　　　图 2-141　　　　　　图 2-142

◎ **重命名图层**

可以根据需要更改图层的名称，更改图层的名称有以下两种方法。

（1）双击"时间轴"面板中的图层名称，名称变为可编辑状态，如图 2-143 所示，输入要更改的图层名称，如图 2-144 所示。在图层旁边单击鼠标，完成图层名称的修改，如图 2-145 所示。

图 2-143　　　　　　　　　　图 2-144　　　　　　　　　　图 2-145

（2）选中要修改名称的图层，选择"修改 > 时间轴 > 图层属性"命令，弹出的"图层属性"对话框，如图 2-146 所示。在"名称"选项的文本框中可以重新设置图层的名称，如图 2-147 所示，单击"确定"按钮，完成图层名称的修改。

图 2-146　　　　　　　　　　　　　　　图 2-147

14. 组合对象

选中多个图形，如图 2-148 所示，选择"修改 > 组合"命令或按 Ctrl+G 组合键，将选中的图形进行组合，如图 2-149 所示。

图 2-148　　　　　　　　　图 2-149

15. 导入图像素材

Flash CS4 可以识别多种不同的位图和矢量图的文件格式，用户可以通过导入或粘贴的方法将素材导入到 Flash CS4 中。

◎ **导入到舞台**

（1）导入位图到舞台：当导入位图到舞台上时，舞台上显示出该位图，位图同时被保存在"库"

面板中。

选择"文件 > 导入 > 导入到舞台"命令，弹出"导入"对话框，在对话框中选中要导入的位图图片"01"，如图 2-150 所示。单击"打开"按钮，弹出提示对话框，如图 2-151 所示。

图 2-150   图 2-151

当单击"否"按钮时，选择的位图图片"02"被导入到舞台上，这时舞台、"库"面板和"时间轴"面板所显示的效果分别如图 2-152、图 2-153 和图 2-154 所示。

图 2-152   图 2-153   图 2-154

当单击"是"按钮时，位图图片 02、03 全部被导入到舞台上，这时舞台、"库"面板和"时间轴"面板所显示的效果分别如图 2-155、图 2-156 和图 2-157 所示。

图 2-155   图 2-156   图 2-157

提 示 可以用各种方式将多种位图导入到 Flash CS4 中,并且可以从 Flash CS4 中启动 Fireworks 或其他外部图像编辑器,从而在这些编辑应用程序中修改导入的位图。可以对导入的位图应用压缩和消除锯齿功能,以控制位图在 Flash CS4 中的大小和外观,还可以将导入的位图作为填充应用到对象中。

(2)导入矢量图到舞台:当导入矢量图到舞台上时,舞台上显示该矢量图,但矢量图并不会被保存到"库"面板中。

选择"文件 > 导入 > 导入到舞台"命令,弹出"导入"对话框,在对话框中选中"放飞"文件,如图 2-158 所示。单击"打开"按钮,弹出"将'放飞.ai'导入到舞台"对话框,如图 2-159 所示。单击"确定"按钮,矢量图被导入到舞台上,如图 2-160 所示。此时查看"库"面板,并没有保存矢量图"放飞",如图 2-161 所示。

图 2-158

图 2-159

图 2-160

图 2-161

◎ **导入到库**

(1)导入位图到库:当导入位图到"库"面板时,舞台上不显示该位图,只在"库"面板中进行显示。

选择"文件 > 导入 > 导入到库"命令,弹出"导入到库"对话框,在对话框中选中"铅笔"文件,如图 2-162 所示。单击"打开"按钮,位图被导入到"库"面板中,如图 2-163 所示。

(2)导入矢量图到库:当导入矢量图到"库"面板时,舞台上不显示该矢量图,只在"库"

面板中进行显示。

选择"文件 > 导入 > 导入到库"命令，弹出"导入到库"对话框，在对话框中选中"放飞"文件，如图 2-164 所示。单击"打开"按钮，弹出"将'放飞.ai'导入到库"对话框，如图 2-165所示，单击"确定"按钮，矢量图被导入到"库"面板中，如图 2-166 所示。

图 2-162

图 2-163

图 2-164

图 2-165

图 2-166

提 示 如果需要循环播放动画，可以选择"控制 > 循环播放"命令，再应用"播放"按钮或其他测试命令即可。

2.1.5 【实战演练】绘制风车风景

使用矩形与渐变工具制作背景，使用铅笔工具绘制草地图形和小路图形，使用钢笔工具绘制草图形，使用缩放命令、旋转与倾斜命令、翻转命令编辑图形，使用组合命令，组合图形。（最终效果参看光盘中的"Ch02 > 效果 > 绘制风车风景"，见图 2-167。）

图 2-167

2.2 绘制新春卡片

2.2.1 【案例分析】

春节是农历正月初一，又叫阴历年，俗称"过年"。这是一个最隆重、最热闹的传统节日。本案例制作的新春卡片要表现出春节喜庆祥和的气氛，把吉祥和祝福送给亲友。

2.2.2 【设计理念】

在设计制作过程中，先设计出童子拜年的喜庆形象，祝福亲友大吉大利，再导入燃放爆竹的图片，表达出爆竹声声除旧迎新的美好寓意。在表现形式上将"灯笼"图形布满整个画面，体现人们向往红红火火的日子，也体现出春节的热闹气氛。（最终效果参看光盘中的"Ch02 > 效果 > 绘制新春卡片"，见图 2-168。）

图 2-168

2.2.3 【操作步骤】

1. 导入素材绘制头部图形

步骤 1 　选择"文件 > 新建"命令，在弹出的"新建文档"对话框中选择"Flash 文件"选项，单击"确定"按钮，进入新建文档舞台窗口。按 Ctrl+F3 组合键，弹出文档"属性"面板，单击面板中的"编辑"按钮 编辑… ，弹出"文档属性"对话框，将"宽度"选项设为 400，"高度"选项设为 550，单击"确定"按钮，改变舞台窗口的大小。

步骤 2 　选择"文件 > 导入 > 导入到库"命令，在弹出的"导入到库"对话框中选择"Ch02 > 素材 > 绘制新春卡片 > 灯笼、头发、春字、鞭炮"文件，单击"打开"按钮，文件被导入到"库"面板中，如图 2-169 所示。将"图层 1"重命名为"头"，如图 2-170 所示。

步骤 3 　选择"椭圆"工具 ，在椭圆"属性"面板中将"填充颜色"设为粉色（#FFE7E7），其他选项的设置如图 2-171 所示。按住 Shift 键的同时在舞台窗口中绘制出 1 个圆形，效果如图 2-172 所示。

图 2-169　　　　　　　图 2-170　　　　　　　图 2-171　　　　　　　图 2-172

步骤 4 选择"选择"工具 ，将光标放置在圆形边线的下方，光标下方出现圆弧 ，单击鼠标并向上拖曳，如图 2-173 所示。松开鼠标，将光标放置在图形的右下方，光标下方出现圆弧 ，单击鼠标并向右下方拖曳，如图 2-174 所示。用相同的方法制作出如图 2-175 所示的效果。

图 2-173　　　　　　　　　　图 2-174　　　　　　　　　　图 2-175

步骤 5 单击"时间轴"面板下方的"新建图层"按钮 创建新图层，并将其命名为"五官"，如图 2-176 所示。选择"椭圆"工具 ，在工具箱中将"笔触颜色"设为无，"填充颜色"设为深粉色（#EFA6A5），在舞台窗口中绘制出 1 个椭圆形，如图 2-177 所示。

步骤 6 选择"选择"工具 ，将椭圆形变形，效果如图 2-178 所示。用相同的方法再次绘制黑色图形，效果如图 2-179 所示。

图 2-176　　　　　　图 2-177　　　　　　图 2-178　　　　　　图 2-179

步骤 7 选中"五官"图层，将图层中的内容全部选中，按 Ctrl+X 组合键剪切图形，选中"头"图层，如图 2-180 所示。按 Ctrl+Shift+V 组合键，将剪切的图形原位粘贴到"头"层中。

步骤 8 选中"五官"图层，选择"椭圆"工具 ，在工具箱中将"笔触颜色"设为白色，"填充颜色"设为无，在舞台窗口中绘制出 1 个椭圆形，效果如图 2-181 所示。

步骤 9 选择"窗口 > 颜色"命令，弹出"颜色"面板，在"类型"选项的下拉列表中选择"线性"，在色带上将左侧的控制点设为白色，将右侧的控制点设为白色，在"Alpha"选项中将其不透明度设为 0%，如图 2-182 所示。

图 2-180　　　　　　　图 2-181　　　　　　　图 2-182

步骤 10 选择"颜料桶"工具 ，在图形的左上方向右下方拖曳渐变，如图 2-183 所示，松开鼠标，渐变色被填充。选择"选择"工具 ，双击边线将其选中，如图 2-184 所示，按 Delete 键将其删除，效果如图 2-185 所示。选中图形，按 Ctrl+G 组合键将其进行组合，如图 2-186 所示。按 Ctrl+X 组合键剪切图形。

图 2-183　　　　　　图 2-184　　　　　　图 2-185　　　　　　图 2-186

步骤 11 选中"头"图层，如图 2-187 所示。按 Ctrl+Shift+V 组合键，将剪切的图形原位粘贴到"头"层中，效果如图 2-188 所示。将"库"面板中的图形元件"头发"拖曳到舞台窗口中，并放置到头的左上方，如图 2-189 所示。选择"选择"工具 ，选择头发图形，按住 Alt 键的同时拖曳鼠标到适当的位置，复制头发图形。选择"修改 > 变形 > 水平翻转"命令，将其水平翻转，效果如图 2-190 所示。

图 2-187　　　　　　图 2-188　　　　　　图 2-189　　　　　　图 2-190

2. 绘制五官

步骤 1 选中"五官"图层，选择"椭圆"工具 ，在工具箱中将"笔触颜色"设为无，"填充颜色"设为黑色，在舞台窗口中绘制出一个椭圆形，效果如图 2-191 所示。将"填充颜色"设为白色，在黑色椭圆形的上方绘制图形，效果如图 2-192 所示。选择"选择"工具 ，选中白色椭圆，按 Delete 键将其删除，效果如图 2-193 所示。

图 2-191　　　　　　图 2-192　　　　　　图 2-193

步骤 2 在"时间轴"面板中单击"锁定或解除锁定所有图层"按钮 下方的小黑圆点，"头"图层上显示出一个锁状图标 ，表示"头"图层被锁定，如图 2-194 所示。选择"选择"工具 ，在舞台窗口中拖曳出一个矩形选择框，如图 2-195 所示。按 Delete 键将选中的图形删除，效果如图 2-196 所示。

步骤 3 将光标放置在直线的下方，光标下方出现圆弧 ，在直线的中心位置按住鼠标左键并向下拖曳，直线变为弧线，如图 2-197 所示。松开鼠标，效果如图 2-198 所示。

图 2-194　　　　　　图 2-195　　　　　　图 2-196

　　　　　图 2-197　　　　　　图 2-198

步骤 4　选中眼睛图形，按住 Alt 键的同时向右拖曳鼠标到适当的位置，复制眼睛图形。选择"修改 > 变形 > 水平翻转"命令，将图形水平翻转，效果如图 2-199 所示。

步骤 5　选择"椭圆"工具 ，在工具箱中将"笔触颜色"设为无，"填充颜色"设为橘红色（#E7615A），按住 Shift 键的同时舞台窗口中绘制 1 个圆形，效果如图 2-200 所示。选择"选择"工具 ，选中圆形，选择"颜色"面板，在"Alpha"选项中将其不透明度设为 80%，图形效果如图 2-201 所示。

图 2-199　　　　　　图 2-200　　　　　　图 2-201

步骤 6　选中图形，选择"修改 > 形状 > 柔化填充边缘"命令，在弹出的对话框中进行设置，如图 2-202 所示，单击"确定"按钮，按 Ctrl+G 组合键，将其组合，效果如图 2-203 所示。选中柔化的图形，按住 Alt 键的同时向右拖曳到适当的位置，复制图形，效果如图 2-204 所示。

图 2-202　　　　　　图 2-203　　　　　　图 2-204

步骤 7　选择"椭圆"工具 ，在椭圆"属性"面板，将"填充颜色"选项设为红色（#EB807B），其他选项的设置如图 2-205 所示。在舞台窗口中绘制出 1 个椭圆形，效果如图 2-206 所示。

步骤 8 选择"铅笔"工具 ✐，在工具箱下方的"铅笔模式"下拉列表中选择"平滑"选项，如图 2-207 所示。在椭圆形的上方绘制出一条曲线，如图 2-208 所示。

图 2-205

图 2-206

图 2-207

图 2-208

步骤 9 选择"选择"工具 ▶，选中不需要的图形，如图 2-209 所示，按 Delete 键将其删除，效果如图 2-210 所示。选择"矩形"工具 ▭，在工具箱中将"笔触颜色"设为无，"填充颜色"设为白色，在舞台窗口中绘制出 1 个矩形，效果如图 2-211 所示。

图 2-209

图 2-210

图 2-211

3. 绘制身体

步骤 1 单击"时间轴"面板下方的"新建图层"按钮 ▫ 创建新图层，并将其命名为"身体"，如图 2-212 所示。选择"椭圆"工具 ◯，在工具箱中将"笔触颜色"设为无，"填充颜色"设为粉色（#FFE7E7），在舞台窗口中绘制 1 个椭圆，如图 2-213 所示。将"身体"图层拖曳到"头"图层的下方，如图 2-214 所示。

图 2-212

图 2-213

图 2-214

步骤 2 单击"时间轴"面板下方的"新建图层"按钮 ▫ 创建新图层，并将其命名为"手"，将其拖曳到"身体"图层的上方，如图 2-215 所示。选择"椭圆"工具 ◯，在椭圆"属性"面板中将"笔触颜色"设为黑色，"填充颜色"设为黑色，"笔触"选项设为 3，其他选项的设置如图

2-216 所示。按住 Shift 键的同时在舞台窗口中绘制 1 个圆形，如图 2-217 所示。

| 图 2-215 | 图 2-216 | 图 2-217 |

步骤 3 选择"选择"工具 ▶，在舞台窗口中拖曳出一个矩形选择框，如图 2-218 所示。按 Delete 键将选中的图形删除，效果如图 2-219 所示。选中图形，按 Ctrl+G 组合键将其组合，效果如图 2-220 所示。

步骤 4 选择"椭圆"工具 ○，在工具箱中将"填充颜色"设为粉色（#FFE7E7），按住 Shift 键的同时在舞台窗口中绘制 1 个圆形，如图 2-221 所示。选择"橡皮擦"工具 ✐，选中工具箱下方的"橡皮擦"模式中的"擦除线条"选项，在舞台窗口中擦除圆形右方的线条，效果如图 2-222 所示。选择"选择"工具 ▶，选中图形，按 Ctrl+G 组合键将其组合，并拖曳到适当的位置，如图 2-223 所示。

| 图 2-218 | 图 2-219 | 图 2-220 | 图 2-221 | 图 2-222 | 图 2-223 |

步骤 5 选中图形，按 Ctrl+G 组合键将其组合，并拖曳到适当的位置，如图 2-224 所示。按住 Alt 键的同时向右拖曳组合图形到适当的位置，将其复制，效果如图 2-225 所示。选择"任意变形"工具 ▦，将复制的图形旋转适当的角度，效果如图 2-226 所示。

| 图 2-224 | 图 2-225 | 图 2-226 |

步骤 6 单击"时间轴"面板下方的"新建图层"按钮 ▣ 创建新图层，并将其命名为"腿"。选择"钢笔"工具 ♦，在钢笔"属性"面板中将"笔触颜色"设为黑色，"笔触"选项设为 4，在舞台窗口中绘制 2 个闭合路径，如图 2-227 所示。

步骤 7 选择"颜料桶"工具 ♦，在工具箱中将"填充颜色"设为粉色（#FFE7E7），在路径内部单击鼠标填充颜色，效果如图 2-228 所示。

步骤 8 单击"时间轴"面板下方的"新建图层"按钮 创建新图层,并将其命名为"春"。将"库"面板中的位图春字拖曳到舞台窗口中,效果如图 2-229 所示。选中"手"图层并将其拖曳到"春"图层的上方,舞台中的效果如图 2-230 所示。

图 2-227　　　　　图 2-228　　　　　图 2-229　　　　　图 2-230

步骤 9 单击"时间轴"面板下方的"新建图层"按钮 创建新图层,并将其命名为"背景"。选择"矩形"工具 ,在工具箱中将"笔触颜色"设为无,"填充颜色"设为白色,绘制一个与舞台窗口大小相等的矩形。调出"颜色"面板,在"类型"选项的下拉列表中选择"位图",选择"滴管"工具 ,单击面板中的"灯笼"图形,吸取图形为填充颜色,选择"颜料桶"工具 ,在白色矩形上单击鼠标填充图形,效果如图 2-231 所示。

步骤 10 选择"渐变变形"工具 ,在填充位图上单击,出现控制点。向内拖曳左下方的方形控制点改变大小,效果如图 2-232 所示。

步骤 11 单击"时间轴"面板下方的"新建图层"按钮 创建新图层,并将其命名为"鞭炮"。将"库"面板中的位图"鞭炮"向舞台窗口中拖曳 2 次,选择"任意变形"工具,将其调整适当的大小,效果如图 2-233 所示。

图 2-231　　　　　图 2-232　　　　　图 2-233

步骤 12 在"时间轴"面板中选中"鞭炮"和"背景"图层,如图 2-234 所示。将其拖曳到"身体"图层的下方,如图 2-235 所示。新春卡片制作完成,效果如图 2-236 所示。

图 2-234　　　　　图 2-235　　　　　图 2-236

2.2.4 【相关工具】

1. 滴管工具

利用滴管工具可以吸取矢量图形的线型和色彩，然后利用颜料桶工具快速修改其他矢量图形内部的填充色。利用墨水瓶工具可以快速修改其他矢量图形的边框颜色及线型。

◎ 吸取填充色

选择"滴管"工具，将光标放在左边图形的填充色上，鼠标指针变为形状，在填充色上单击鼠标，吸取填充色样本，如图 2-237 所示。

单击后光标变为形状，表示填充色被锁定。单击工具箱的下方取消对"锁定填充"按钮，鼠标指针变为形状，在右边图形的填充色上单击鼠标，图形的颜色被更改，如图 2-238 所示。

图 2-237

图 2-238

◎ 吸取边框属性

选择"滴管"工具，将光标放在左边图形的外边框线上，鼠标指针变为形状，在外边框上单击鼠标，吸取边框样本，如图 2-239 所示。单击后鼠标指针变为形状，在右边图形的外边框上单击鼠标，线条的颜色和样式被更改，如图 2-240 所示。

图 2-239

图 2-240

◎ 吸取位图图案

滴管工具可以吸取外部引入的位图图案。导入图片，如图 2-241 所示。按 Ctrl+B 组合键将其打散，绘制 1 个椭圆，如图 2-242 所示。

选择"滴管"工具，将鼠标指针放在位图上，鼠标指针变为形状，单击鼠标吸取图案样本，如图 2-243 所示。单击后鼠标指针变为形状，在矩形图形上单击鼠标，图案被填充，如图 2-244所示。

选择"渐变变形"工具，单击被填充图案样本的矩形，出现控

图 2-241　　　　　图 2-242　　　　　图 2-243

制点，如图 2-245 所示。将左下方的控制点向中心拖曳，如图 2-246 所示。填充图案变小，如图 2-247 所示。

图 2-244　　　　　　图 2-245　　　　　　图 2-246　　　　　　图 2-247

◎ 吸取文字属性

滴管工具可以吸取文字的颜色。选择要修改的目标文字，如图 2-248 所示。

图 2-248

选择"滴管"工具，将鼠标放在源文字上，鼠标指针变为 A 形状，如图 2-249 所示。

图 2-249

在源文字上单击鼠标，源文字的文字属性被应用到了目标文字上，如图 2-250 所示。

图 2-250

2. 柔化填充边缘

◎ 向外柔化填充边缘

选中图形，如图 2-251 所示，选择"修改 > 形状 > 柔化填充边缘"命令，弹出"柔化填充边缘"对话框，在"距离"选项数值框中输入 40，在"步骤数"选项数值框中输入 4，选中"扩展"单选钮，如图 2-252 所示，单击"确定"按钮，效果如图 2-253 所示。

在"柔化填充边缘"对话框中设置的数值不同，所产生的效果也各不相同。

图 2-251　　　　　　图 2-252　　　　　　图 2-253

选中图形，选择"修改 > 形状 > 柔化填充边缘"命令，弹出"柔化填充边缘"对话框，在

"距离"选项数值框中输入 50 像素，在"步骤数"选项数值框中输入 20，选中"扩展"单选钮，如图 2-254 所示，单击"确定"按钮，效果如图 2-255 所示。

图 2-254　　　　　　　　　图 2-255

◎ 向内柔化填充边缘

选中图形，如图 2-256 所示，选择"修改 > 形状 > 柔化填充边缘"命令，弹出"柔化填充边缘"对话框，在"距离"选项数值框中输入 50 像素，在"步骤数"选项数值框中输入 4，选中"插入"单选钮，如图 2-257 所示。单击"确定"按钮，效果如图 2-258 所示。

图 2-256　　　　　　图 2-257　　　　　　图 2-258

选中图形，选择"修改 > 形状 > 柔化填充边缘"命令，弹出"柔化填充边缘"对话框，在"距离"选项数值框中输入 30 像素，在"步骤数"选项数值框中输入 10，选中"插入"单选钮，如图 2-259 所示，单击"确定"按钮，效果如图 2-260 所示。

图 2-259　　　　　　　　　图 2-260

3. 橡皮擦工具

选择"橡皮擦"工具，在图形上想要删除的地方按住鼠标并拖动鼠标，图形被擦除，如图 2-261 所示。单击工具箱下方的"橡皮擦形状"按钮，在弹出的下拉列表中可以选择橡皮擦的形状与大小。

如果想得到特殊的擦除效果，系统在工具箱的下方设置了 5 种擦除模式可供选择，如图 2-262 所示。

图 2-261　　　　　　　　　图 2-262

"标准擦除"模式：擦除同一层的线条和填充。选择此模式后擦除图形的前后对照效果如图 2-263 所示。

"擦除填色"模式：仅擦除填充区域，其他部分（如边框线）不受影响。选择此模式后擦除图形的前后对照效果如图 2-264 所示。

图 2-263　　　　　　　　　　　　　　图 2-264

"擦除线条"模式：仅擦除图形的线条部分，不影响其填充部分。选择此模式后擦除图形的前后对照效果如图 2-265 所示。

"擦除所选填充"模式：仅擦除已经选择的填充部分，不影响其他未被选择的部分（如果场景中没有任何填充被选择，那么擦除命令无效）。选择此模式后擦除图形的前后对照效果如图 2-266 所示。

图 2-265　　　　　　　　　　　　　　图 2-266

"内部擦除"模式：仅擦除起点所在的填充区域部分，不影响线条填充区域外的部分。选择此模式后擦除图形的前后对照效果如图 2-267 所示。

要想快速删除舞台上的所有对象，双击"橡皮擦"工具 ▨ 即可。

要想删除矢量图形上的线段或填充区域，可以选择"橡皮擦"工具 ▨，再单击工具箱中的"水龙头"按钮 ▨，然后单击舞台上想要删除的线段或填充区域即可，如图 2-268 和图 2-269 所示。

图 2-267　　　　　　　　图 2-268　　　　　　　　图 2-269

提　示　因为导入的位图和文字不是矢量图形，不能擦除它们的部分或全部，所以必须先选择"修改 > 分离"命令，将它们分离成矢量图形，才能使用橡皮擦工具擦除它们的部分或全部。

4. 自定义位图填充

在"颜色"面板的"类型"选项下拉列表中选择"位图"选项，如图 2-270 所示。弹出"导入到库"对话框，在对话框中选择要导入的图片，如图 2-271 所示。

图 2-270   图 2-271

单击"打开"按钮，图片被导入到"颜色"面板中，如图 2-272 所示。选择"矩形"工具，在场景中绘制出一个矩形，矩形被刚才导入的位图所填充，如图 2-273 所示。

图 2-272   图 2-273

选择"渐变变形"工具，在填充的位图上单击，出现控制点。向内拖曳左下方的方形控制点，如图 2-274 所示。松开鼠标后效果如图 2-275 所示。

向上拖曳右上方的圆形控制点，改变填充位图的角度，如图 2-276 所示。松开鼠标后效果如图 2-277 所示。

图 2-274   图 2-275

图 2-276   图 2-277

2.2.5 【实战演练】绘制婚礼卡

使用位图填充制作背景图效果，使用任意变形工具改变"喜"字的角度和大小，使用"导入到舞台"命令导入素材图片，使用移动工具改变图形的位置。（最终效果参看光盘中的"Ch02 > 效果 >绘制婚礼卡"，见图2-278。）

图 2-278

2.3 综合演练——绘制圣诞树

使用多角星形工具绘制圣诞树，使用选择工具调整圣诞树的弧度，颜料桶工具填充颜色，椭圆工具绘制月亮、星星、雪花。（最终效果参看光盘中的"Ch02 > 效果 > 绘制圣诞树"，见图2-279。）

图 2-279

2.4 综合演练——绘制舞台插画

使用"导入到舞台"命令导入素材图片制作舞台效果，使用钢笔工具绘制灯光，使用椭圆工具绘制闪光灯，使用"属性"面板改变线条的样式来制作弧形效果。（最终效果参看光盘中的"Ch02 > 效果 > 绘制舞台插画"，见图2-280。）

图 2-280

第3章 标志制作

标志代表着企业的形象和文化，以及企业的服务水平、管理机制和综合实力，标志动画可以在动态视觉上为企业进行形象推广。本章将主要介绍 Flash 标志动画中标志的导入以及动画的制作方法，同时介绍如何应用不同的颜色设置和动画方式来更准确地诠释企业的精神。

 课堂学习目标

- 掌握标志的设计思路
- 掌握标志的制作方法
- 掌握标志的应用技巧

3.1 制作果汁标牌

3.1.1 【案例分析】

本案例是为果汁饮料公司制作的果汁标牌，果汁饮料公司的产品主要针对的是关注健康、注意营养膳食结构的人群。在标牌设计上要简洁、大方、稳重，同时符合公司的特征，能融入行业的理念和特色。

3.1.2 【设计理念】

在设计制作过程中，通过绿色和浅黄色的底圆散发出勃勃生机，给人清新自然的感觉。中心的水果图片醒目突出，显示出公司纯天然、无添加的经营特色。在字体设计上进行变形处理，通过字体表现出向上、进取的企业形象。通过红色飘带表现企业的精神风貌。标牌的整体设计简洁流畅、美观大方。（最终效果参看光盘中的"Ch03 > 效果 > 制作果汁标牌"，见图3-1。）

图3-1

3.1.3 【操作步骤】

步骤 1 选择"文件 > 新建"命令，在弹出的"新建文档"对话框中选择"Flash 文件"选项，单击"确定"按钮，进入新建文档舞台窗口。

步骤 2 在"时间轴"面板中将"图层1"命名为"底图"。选择"文件 > 导入 > 导入到舞台"

命令，在弹出的"导入"对话框中选择"Ch03 > 素材 > 制作果汁标牌 > 01"文件，单击"打开"按钮，文件被导入到舞台窗口中，效果如图3-2所示。

步骤 3 在"时间轴"面板中新建图层并将其命名为"文字"。选择"文本"工具 T，在文本工具"属性"面板中进行设置，在舞台窗口中适当的位置输入大小为25、字体为"时尚中黑简体"的深红色（#871A1F）文字，文字效果如图3-3所示。再次在舞台窗口中输入大小为22、字体为"方正兰亭黑简体"的深红色（#871A1F）文字，文字效果如图3-4所示。

图3-2

图3-3

图3-4

步骤 4 在"时间轴"面板中新建图层并将其命名为"变形文字"。选择"文本"工具 T，在文本工具"属性"面板中进行设置，在舞台窗口中适当的位置输入大小为35、字体为"时尚中黑简体"的深红色（#871A1F）文字，文字效果如图3-5所示。

步骤 5 选中"变形文字"图层，选择"任意变形"工具，选中文字，按两次Ctrl+B组合键将文字打散。选中工具箱下方的"封套"按钮，在文字周围出现控制手柄，调整各个控制手柄将文字变形，效果如图3-6所示。

图3-5

图3-6

步骤 6 选中"变形文字"图层，选中文字，选择"窗口 > 颜色"命令，弹出"颜色"面板，在"类型"选项的下拉列表中选择"线性"，在色带上将左边的颜色控制点设为黄色（#C4B527），将右边的颜色控制点设为绿色（#096633），生成渐变色，如图3-7所示。选择"颜料桶"工具，在选中的文字上从上向下拖曳渐变色，如图3-8所示。松开鼠标后，渐变色角度被调整，取消文字的选取状态，效果如图3-9所示。

图3-7

步骤 7 选择"墨水瓶"工具，在"属性"面板中将"笔触颜色"设为白色，"笔触"选项设为1。用鼠标在文字的边线上单击，勾画出文字的轮廓，效果如图3-10所示。果汁标牌制作完成，按Ctrl+Enter组合键即可查看效果。

图 3-8

图 3-9

图 3-10

3.1.4 【相关工具】

1. 创建文本

选择"文本"工具 T ，选择"窗口 > 属性 > 属性"命令，弹出文本工具"属性"面板，如图 3-11 所示。

将鼠标指针放置在场景中，鼠标指针变为 形状，在场景中单击鼠标，出现文本输入光标，如图 3-12 所示。直接输入文字，效果如图 3-13 所示。

图 3-11

图 3-12

图 3-13

用鼠标在场景中单击并按住鼠标，向右下角方向拖曳出一个文本框，如图 3-14 所示。松开鼠标，出现文本输入光标，如图 3-15 所示。在文本框中输入文字，文字被限定在文本框中，如果输入的文字较多，会自动转到下一行显示，如图 3-16 所示。

图 3-14   图 3-15   图 3-16

用鼠标向左拖曳文本框上方的方形控制点，如图 3-17 所示，可以缩小文字的行宽，效果如图 3-18 所示。向右拖曳文本框上方的控制点，如图 3-19 所示，可以扩大文字的行宽，效果如图 3-20

所示。

图 3-17　　　　　图 3-18　　　　　　　图 3-19　　　　　　图 3-20

双击文本框上方的方形控制点，如图 3-21 所示，文字将转换成单行显示状态，方形控制点转换为圆形控制点，如图 3-22 所示。

图 3-21　　　　　　　　　　图 3-22

2.　文本属性

文本"属性"面板如图 3-23 所示。下面对各文字调整选项逐一介绍。

图 3-23

◎　设置文本的字体、字体大小、样式和颜色

"字体"选项：设定选定字符或整个文本块的文字字体。

选中文字，如图 3-24 所示，在文本工具"属性"面板中选择"字体"下拉列表中要转换的字体，如图 3-25 所示。单击鼠标，文字的字体被转换，效果如图 3-26 所示。

中等职业教育数字艺术类规划教材

图 3-24   图 3-25   图 3-26

"字体大小"选项：设定选定字符或整个文本块的文字大小，数值越大，文字越大。

选中文字，如图 3-27 所示，在文本工具"属性"面板中选择"字体大小"选项，在其数值框中输入设定的数值，如图 3-28 所示。文字的字号变小，如图 3-29 所示。

图 3-27   图 3-28   图 3-29

"文本填充颜色"按钮 颜色： ■ ：为选定字符或整个文本块的文字设定颜色。

选中文字，如图 3-30 所示，在文本工具"属性"面板中单击"文本填充颜色"按钮 颜色： ■ ，弹出颜色面板，选择需要的颜色，如图 3-31 所示。为文字替换颜色，效果如图 3-32 所示。

图 3-30   图 3-31   图 3-32

提 示 文字只能使用纯色，不能使用渐变色。要想为文本添加渐变色，必须将该文本转换为组成它的线条和填充。

"方向"按钮：可以改变文字的排列方向。

选中文字，如图 3-33 所示，单击"方向"按钮，在弹出的下拉列表中选择"垂直，从左向右"选项，如图 3-34 所示，文字将从左向右排列，效果如图 3-35 所示。如果在其下拉列表中选择"垂直，从右向左"选项，如图 3-36 所示，文字将从右向左排列，效果如图 3-37 所示。

图 3-33

图 3-34　　　　　　图 3-35　　　　　　图 3-36　　　　　　图 3-37

◎ 设置字符与段落

文本对齐方式按钮可以将文字以不同的形式进行对齐。

"左对齐"按钮：将文字以文本框的左边线进行对齐。

"居中对齐"按钮：将文字以文本框的中线进行对齐。

"右对齐"按钮：将文字以文本框的右边线进行对齐。

"两端对齐"按钮：将文字以文本框的两端进行对齐。

选择不同的对齐方式，文字对齐的效果如图 3-38 所示。

（a）左对齐　　　　（b）居中对齐　　　　（c）右对齐　　　　（d）两端对齐

图 3-38

"字母间距"选项 字母间距：0.0：在选定的字符或整个文本块的字符之间插入统一的间隔。

设置不同的文字间距，文字的效果如图 3-39 所示。

（a）间距为 0 时的效果　　　（b）间距为 -5 时的效果　　　（c）间距为 20 时的效果

图 3-39

"字符"选项：通过设置下列选项值控制字符之间的相对位置。

"切换上标"按钮：可以将水平文本放在基线之上或将垂直文本放在基线的右边。

"切换下标"按钮：可以将水平文本放在基线之下或将垂直文本放在基线的左边。

选中要设置字符位置的文字，选择"上标"选项，文字在基线以上，如图 3-40、图 3-41 和图 3-42 所示。

设置不同字符位置，位置的效果如图 3-43 和图 3-44 所示。

| 图 3-40 | 图 3-41 | 图 3-42 | 上标位置
图 3-43 | 下标位置
图 3-44 |

"段落"选项：用于调整文本段落的格式。

"缩进"选项 ：用于调整文本段落的首行缩进。

"行距"选项 ：用于调整文本段落的行距。

"左边距"选项 ：用于调整文本段落的左侧间隙。

"右边距"选项 ：用于调整文本段落的右侧间隙。

选中文本段落，如图 3-45 所示，在"段落"选项中进行设置，如图 3-46 所示；文本段落的格式发生改变，如图 3-47 所示。

| 图 3-45 | 图 3-46 | 图 3-47 |

◎ **字体呈现方法**

Flash CS4 中有 5 中不同的字体呈现选项，如图 3-48 所示。通过设置可以得到不同的样式。

"使用设备字体"选项：此选项生成一个较小的 SWF 文件，它使用最终用户计算机上当前安装的字体呈现文本。

"位图文本[无消除锯齿]"选项：此选项生成明显的文本边缘，没有消除锯齿。因为此选项生成的 SWF 文件中包含字体轮廓，所以生成一个较大的 SWF 文件。

"动画消除锯齿"选项：此选项生成可顺畅进行动画播

图 3-48

放的消除锯齿文本。因为在文本动画播放时没有应用对齐和消除锯齿，所以在某些情况下，文本动画还可以更快地播放。在使用带有许多字母的大字体或缩放字体时，可能看不到性能上的提高。因为此选项生成的 SWF 文件中包含字体轮廓，所以将生成一个较大的 SWF 文件。

"可读性消除锯齿"选项：此选项使用高级消除锯齿引擎，提供了品质最高、最易读的文本。因为此选项生成的文件中包含字体轮廓以及特定的消除锯齿信息，所以将生成最大的 SWF 文件。

"自定义消除锯齿"选项：此选项与"可读性消除锯齿"选项相同，但是可以直观地操作消除锯齿参数，以生成特定外观。此选项在为新字体或不常见的字体生成最佳的外观方面非常有用。

◎ **设置文超链接**

"链接"选项：可以在选项的文本框中直接输入网址，使当前文字成为超级链接文字。

"目标"选项：可以设置超级链接的打开方式，共有 4 种方式供选择。

_blank：链接页面在新的浏览器中打开。

_parent：链接页面在父框架中打开。

_self：链接页面在当前框架中打开。

_top：链接页面在默认的顶部框架中打开。

选中文字，如图 3-49 所示。选择文本工具"属性"面板，在"链接"选项的文本框中输入链接的网址，如图 3-50 所示。在"目标"选项中设置好打开方式，设置完成后文字的下方出现下画线，表示已经链接，如图 3-51 所示。

图 3-49　　　　　　　　图 3-50　　　　　　　　图 3-51

◎ **静态文本**

选择"静态文本"选项，"属性"面板如图 3-52 所示。

"可选"按钮：选择此项，当文件输出为 SWF 格式时，可以对影片中的文字进行选取、复制操作。

◎ **动态文本**

选择"动态文本"选项，"属性"面板如图 3-53 所示。动态文本可以作为对象来应用。

"实例名称"选项：可以设置动态文本的名称。

"单行"：文本以单行方式显示。

"多行"：如果输入的文本大于设置的文本限制，输入的文本将被自动换行。

图 3-52　　　　　　　图 3-53

"多行不换行"：输入的文本为多行时，不会自动换行。

"将文本呈现为 HTML"选项：文本支持 HTML 标签特有的字体格式、超级链接等超文本格式。

"在文本周围显示边框"选项：可以为文本设置白色的背景和黑色的边框。

"变量"选项：可以将该文本框定义为保存字符串数据的变量。此选项需结合动作脚本使用。

◎ **输入文本**

选择"输入文本"选项，"属性"面板如图 3-54 所示。

"行为"选项：其中新增加了"密码"选项，选择此选项，当文件输出为 SWF 格式时，影片中的文字将显示为星号****。

"最多字符数"选项：可以设置输入文字的最多数值。默认值为 0，即为不限制。如设置数值，此数值即为输出 SWF 影片时，显示文字的最多数目。

◎ 变形文本

选中文字，如图 3-55 所示，按两次 Ctrl+B 组合键将文字打散，如图 3-56 所示。

图 3-54   图 3-55   图 3-56

选择"修改 > 变形 > 封套"命令，在文字的周围出现控制点，如图 3-57 所示，拖动控制点改变文字的形状，如图 3-58 所示，变形完成后的文字效果如图 3-59 所示。

图 3-57   图 3-58   图 3-59

◎ 分离对象

要修改多个图形的组合、图像、文字或组件的一部分时，可以选择"修改 > 分离"命令。另外，制作变形动画时，需用"分离"命令将图形的组合、图像、文字或组件转变成图形。

选中图形组合，如图 3-60 所示。选择"修改 > 分离"命令或按 Ctrl+B 组合键，将组合的图形打散，多次使用"分离"命令的效果如图 3-61 所示。

图 3-60   图 3-61

◎ 墨水瓶工具

使用墨水瓶工具可以修改矢量图形的边线。

导入矢量图"鱼"，多次按 Ctrl+B 组合键将其打散，取消选择，如图 3-62 所示。选择"墨水瓶"工具，在"属性"面板中设置笔触颜色、笔触大小以及笔触样式，如图 3-63 所示。

这时，鼠标指针变为形状，在图形上单击鼠标，为图形增加设置好的边线，如图 3-64 所示。在"属性"面板中设置的属性不同，所绘制的边

图 3-62

线效果也不同，如图 3-65 所示。

图 3-63

图 3-64

图 3-65

3.1.5　【实战演练】制作变形文字

导入素材作为图案效果，使用文本工具输入标题文字，使用文本"属性"面板改变文字的大小和颜色，使用"分离"命令将文字打散，使用任意变形工具改变文字的形状，使用颜色面板调整渐变色，使用墨水瓶工具添加文字边线。（最终效果参看光盘中的"Ch03 > 效果 > 制作变形文字"，见图 3-66。）

图 3-66

3.2 制作化妆品网页标志

3.2.1　【案例分析】

本案例是为蔻朵堂化妆品公司设计制作的网页标志，蔻朵堂化妆品公司的产品主要针对的客户是热衷于护肤、美容，致力于让自己变得更青春靓丽的女性。在网页标志设计上希望能表现出青春的气息和活力，创造出青春奇迹。

3.2.2　【设计理念】

在设计思路上，我们从公司的品牌名称入手，对"蔻朵堂"的文字进行了精心的变形设计和处理，文字设计后的风格和品牌定位紧密结合，充分表现了青春女性的活泼和生活气息。标志颜色采用粉色、白色为基调，通过色彩来体现出甜美、温柔的青春女性气质。（最终效果参看光盘中的"Ch03 > 效果 > 制作化妆品网页标志"，见图 3-67。）

图 3-67

3.2.3　【操作步骤】

1．输入文字

步骤 1　选择"文件 > 新建"命令，在弹出的"新建文档"对话框中选择"Flash 文件"选项，单击"确定"按钮，进入新建文档舞台窗口。按 Ctrl+F3 组合键，弹出文档"属性"面板，单击面板中的"编辑"按钮 [编辑...]，弹出"文档属性"对话框，将"宽度"选项设为 550，"高度"选项设为 340，单击"确定"按钮，改变舞台窗口的大小。

步骤 2 将"图层 1"重命名为"文字"，如图 3-68 所示。选择"文本"工具 T，在文本工具"属性"面板中进行设置，在舞台窗口中适当的位置输入大小为 110，字体为"方正准圆简体"的黑色文字，文字效果如图 3-69 所示。选中文字，按两次 Ctrl+B 组合键将文字打散。框选中"朵、堂"两个字，将其向上、向下、向右移动，效果如图 3-70 所示。

图 3-68　　　　　　　图 3-69　　　　　　　图 3-70

2. 删除笔画

步骤 1 选择"套索"工具 ⚲，选中工具箱下方的"多边形模式"按钮 ⚲，圈选"蔻"字右下角的笔画，如图 3-71 所示。按 Delete 键将其删除，效果如图 3-72 所示。

图 3-71　　　　　　　图 3-72

步骤 2 选择"选择"工具 �, 在"朵"字的中部拖曳出 1 个矩形，如图 3-73 所示。按 Delete 键将其删除，效果如图 3-74 所示。用相同的方法删除其他文字笔画，制作出如图 13-75 所示的效果。

图 3-73　　　　图 3-74　　　　　　　图 3-75

3. 钢笔绘制路径

步骤 1 单击"时间轴"面板下方的"新建图层"按钮 ⬚，创建新图层并将其命名为"钢笔绘制"。选择"钢笔"工具 ✎，在钢笔"属性"面板中，将"笔触颜色"设为黑色，在"蔻"字的左下角单击鼠标设置起始点，如图 3-76 所示。在左侧的空白处单击，设置第 2 个节点，按住鼠标不放，向上拖曳控制手柄，调节控制手柄改变路径的弯度，效果如图 3-77 所示。

步骤 2 使用相同的方法，应用"钢笔"工具 ✎ 绘制出边线效果，如图 3-78 所示。在工具箱的下方将"填充颜色"设为黑色，选择"颜料桶"工具 ⚲，在边线内部单击鼠标填充图形，效果如图 3-79 所示。

图 3-76　　　　　　　　图 3-77　　　　　　　　图 3-78　　　　　　　　图 3-79

步骤 3 选择"选择"工具 ▶，双击边线将其选中，如图 3-80 所示，按 Delete 键将其删除。使用相同的方法绘制其他图形，效果如图 3-81 所示。

图 3-80　　　　　　　　　　　　　　图 3-81

4. 铅笔修改

步骤 1 单击"时间轴"面板下方的"新建图层"按钮 ，创建新图层并将其命名为"铅笔装饰"。选择"铅笔"工具 ，在铅笔"属性"面板中将"笔触颜色"选项设为黑色，其他选项的设置如图 3-82 所示。在工具箱的下方"铅笔模式"选项组的下拉列表中选择"平滑"选项。在"蔻"字的下方绘制出 1 条曲线，效果如图 3-83 所示。

图 3-82　　　　　　　　　　　　　图 3-83

步骤 2 在铅笔"属性"面板中，将"笔触"选项设为 5.5，如图 3-84 所示。在"堂"字的中间绘制云朵边线，如图 3-85 所示。

步骤 3 选择"线条"工具 ，拖曳鼠标绘制直线，如图 3-86 所示。再次在"朵"字的下方绘制出 1 条斜线，效果如图 3-87 所示。

图 3-84　　　　　　　　　　　图 3-85

图 3-86

图 3-87

5. 添加花朵图案

步骤 1 选择"椭圆"工具 ◯，在工具箱中将"笔触颜色"设为无，"填充颜色"设为黑色，选中下方的"对象绘制"按钮 ◯，在舞台窗口中绘制出 1 个垂直椭圆形，效果如图 3-88 所示。

步骤 2 选择"部分选取"工具 ▶，在椭圆形的外边线上单击，出现多个节点，如图 3-89 所示。单击需要的节点，按 Delete 键将其删除，效果如图 3-90 所示。使用相同的方法删除其他节点，如图 3-91 所示。

图 3-88　　图 3-89　　图 3-90　　图 3-91

步骤 3 选择"任意变形"工具 ▦，单击图形，出现控制点，将中心点移动到如图 3-92 所示的位置。按 Ctrl+T 组合键，弹出"变形"面板，单击"重制选区和变形"按钮 ⊞，复制出一个图形，将"旋转"选项设为 45，如图 3-93 所示，图形效果如图 3-94 所示。

步骤 4 再次单击"重制选区和变形"按钮 ⊞6 次，复制出 6 个图形，效果如图 3-95 所示。选择"选择"工具 ▶框选图形，如图 3-96 所示，按 Ctrl+G 组合键将其组合，效果如图 3-97 所示。

图 3-92　　　　　图 3-93　　　　　图 3-94

图 3-95　　　　　图 3-96　　　　　图 3-97

步骤 5 拖曳图形到"朵"字的右上角，效果如图 3-98 所示。按住 Alt 键，用鼠标选中图形，并拖曳到"朵"字的下方。复制当前选中的图形，选择"任意变形"工具 ▦将其缩小，效果如图 3-99 所示。用相同的方法再次复制图形并缩小，效果如图 3-100 所示。

图 3-98

图 3-99

图 3-100

步骤 6 单击"时间轴"面板下方的"新建图层"按钮，创建新图层并将其命名为"底图"，将"底图"图层拖曳到"文字"图层的下方，如图 3-101 所示。选择"椭圆"工具，在椭圆"属性"面板中将"笔触颜色"选项设为白色，"填充颜色"选项设为洋红色（#EF2A6F），其他选项的设置如图 3-102 所示。在舞台窗口中绘制椭圆形，效果如图 3-103 所示。

图 3-101

图 3-102

图 3-103

步骤 7 在"时间轴"面板中单击"锁定或解除锁定所有图层"按钮下方的小黑圆点，"底图"图层上显示出一个锁状图标，表示"底图"图层被锁定，如图 3-104 所示。选择"选择"工具，在舞台窗口中拖曳出一个矩形选择框，如图 3-105 所示，选中图形。多次按 Ctrl+B 组合键将其打散，在工具箱面板中将"笔触颜色"设为白色，"填充颜色"设为白色，更改图形颜色，效果如图 3-106 所示。化妆品公司网页标志效果制作完成，按 Ctrl+Enter 组合键即可查看效果。

图 3-104

图 3-105

图 3-106

3.2.4 　【相关工具】

1. 套索工具

选择"套索"工具，在场景中导入一幅位图，按 Ctrl+B 组合键将位图进行分离。用鼠标

中等职业教育数字艺术类规划教材

在位图上任意勾选需要的区域，形成一个封闭的选区，如图 3-107 所示。松开鼠标，选区中的图像被选中，如图 3-108 所示。

在选择"套索"工具 后，工具箱的下方出现如图 3-109 所示的按钮，利用这些按钮可以完成以下工作。

图 3-107

图 3-108

图 3-109

"魔术棒"按钮 ：以点选的方式选择颜色相似的位图图形。

选中"魔术棒"按钮 ，将光标放在位图上，光标变为 ，在要选择的位图上单击鼠标，如图 3-110 所示。与点取点颜色相近的图像区域被选中，如图 3-111 所示。

"魔术棒设置"按钮 ：可以用来设置魔术棒的属性，应用的属性不同，魔术棒选取的图像区域大小也不同。

单击"魔术棒设置"按钮 ，弹出"魔术棒设置"对话框，如图 3-112 所示。

在"魔术棒设置"对话框中设置不同的数值后，所产生的不同效果如图 3-113 所示。

"多边形模式"按钮 ：可以用鼠标精确地选择需要的图像。

选中"多边形模式"按钮 ，在图像上单击鼠标，确定第 1 个定位点，将鼠标指针移至下一个定位点，再单击鼠标，用相同的方法直到选择出想要的图像，并使选取区域形成一个封闭的状态，如图 3-114 所示。双击鼠标，选区中的图像被选中，如图 3-115 所示。

图 3-110

图 3-111

图 3-112

（a）阈值为 10 时选取图像的区域

（b）阈值为 60 时选取图像的区域

图 3-113

图 3-114

图 3-115

2. 部分选取工具

选择"部分选取"工具 ，在对象的外边线上单击，对象上出现多个节点，如图 3-116 所示。通过拖动节点来调整控制线的长度和斜率，从而改变对象的曲线形状，如图 3-117 所示。

图 3-116

图 3-117

 提　示　若要增加图形上的节点，可使用"钢笔"工具 在图形上单击。

在改变对象的形状时，"部分选取"工具 的光标会产生不同的变化，其表示的含义也不同。

带黑色方块的光标 ：当鼠标光标放置在节点时，光标变为 ，如图 3-118 所示。这时可以移动对象到其他位置，如图 3-119 和图 3-120 所示。

图 3-118

图 3-119

图 3-120

带白色方块的光标 ：当鼠标光标放置在节点上时，光标变为 ，如图 3-121 所示。这时可以移动单个的节点到其他位置，如图 3-122 和图 3-123 所示。

图 3-121

图 3-122

图 3-123

变为小箭头的光标▶：当鼠标光标放置在节点调整手柄的尽头时，光标变为▶，如图 3-124 所示。这时可以调整与该节点相连的线段的弯曲度，如图 3-125、图 3-126 所示。

图 3-124　　　　　　　　图 3-125　　　　　　　　图 3-126

提　示　在调整节点的手柄时，调整一个手柄，另一个相对的手柄也会随之发生变化。如果只想调整其中的一个手柄，按住 Alt 键再进行调整即可。

可以将直线节点转换为曲线节点，并进行弯曲度调整。选择"部分选取"工具，在对象的外边线上单击，对象上显示出节点，如图 3-127 所示。单击要转换的节点，节点从空心变为实心，表示可编辑，如图 3-128 所示。

按住 Alt 键将节点向外拖曳，节点增加出两个可调整手柄，如图 3-129 所示。通过调整手柄可调整线段的弯曲度，如图 3-130 所示。

图 3-127　　　　　　图 3-128　　　　　　　图 3-129　　　　　　图 3-130

3. "变形"面板

选择"窗口 > 变形"命令或按 Ctrl+T 组合键，弹出"变形"面板，如图 3-131 所示。

"缩放宽度" 和"缩放高度" 选项：用于设置图形的宽度和高度。

"约束"按钮：用于约束"宽度"和"高度"选项，使图形能够成比例地变形。

"旋转"选项：用于设置图形的旋转角度。

"倾斜"选项：用于设置图形的水平倾斜或垂直倾斜。

"重制选区和变形"按钮：用于复制图形并将变形设置应用于图形。

"取消变形"按钮：用于将图形属性恢复到初始状态。

图 3-131

"变形"面板中的设置不同，所产生的效果也各不相同。导入一张图片，如图 3-132 所示。

选中图形，在"变形"面板中将"宽度"选项设为 50%，如图 3-133 所示。按 Enter 键确定操作，图形的宽度被改变，效果如图 3-134 所示。

图 3-132

图 3-133

图 3-134

选中图形,在"变形"面板中单击"约束"按钮,将"宽度"选项设为 50%,"高度"选项也随之变为 50%,如图 3-135 所示。按 Enter 键确定操作,图形的宽度和高度成比例缩小,效果如图 3-136 所示。

选中图形,在"变形"面板中设置"旋转"选项的数值为 30,如图 3-137 所示。按 Enter 键确定操作,图形被旋转,效果如图 3-138 所示。

图 3-135

图 3-136

图 3-137

图 3-138

选中图形,在"变形"面板中勾选"倾斜"选项,将水平倾斜设为 40,如图 3-139 所示。按 Enter 键确定操作,图形进行水平倾斜变形,效果如图 3-140 所示。

选中图形,在"变形"面板中勾选"倾斜"选项,将垂直倾斜设为-20,如图 3-141 所示。按 Enter 键确定操作,图形进行垂直倾斜变形,效果如图 3-142 所示。

图 3-139

图 3-140

图 3-141

图 3-142

选中图形,在"变形"面板中,将旋转角度设为 60,单击"重制选区和变形"按钮,如图 3-143 所示,图形被复制并沿其中心点旋转了 60°,效果如图 3-144 所示。

再次单击"重制选区和变形"按钮 ⊞，图形再次被复制并旋转了 60°，如图 3-145 所示，此时面板中显示旋转角度为 180°，表示复制出的图形当前角度为 180°，如图 3-146 所示。

图 3-143　　　　　图 3-144　　　　　图 3-145　　　　　图 3-146

3.2.5　【实战演练】制作时尚网络标志

使用选择工具和套索工具删除多余的笔画，使用部分选取工具将文字变形，使用矩形工具绘制圆角矩形，使用椭圆工具为文字添加艺术笔画。（最终效果参看光盘中的"Ch03 > 效果 > 制作时尚网络标志"，见图 3-147。）

图 3-147

3.3　综合演练——制作网络公司网页标志

本例将使用文本工具输入标志名称；使用钢笔工具添加画笔效果；使用属性面板改变元件的颜色，使标志产生阴影效果。（最终效果参看光盘中的"Ch03 > 效果 > 制作网络公司网页标志"，见图 3-148。）

图 3-148

3.4　综合演练——制作设计公司标志

　　使用文本工具输入标志名称，使用"分离"命令将文字打散，使用钢笔工具绘制装饰图形，使用"颜色"面板填充渐变色，使用矩形工具和"属性"面板制作特殊边线效果。（最终效果参看光盘中的"Ch03 > 效果 > 制作设计公司标志"，见图 3-149。）

图 3-149

第4章 广告设计

广告可以帮助公司树立品牌、提升知名度、提高销售量。本章以制作多个主题的广告为例，介绍广告的设计方法和制作技巧。通过学习本章的内容，读者可以掌握广告的设计思路和制作要领，从而创作出完美的网络广告。

 课堂学习目标

- 了解广告的表现形式
- 掌握广告动画的设计思路
- 掌握广告动画的制作方法和技巧

4.1 制作演唱会广告

4.1.1 【案例分析】

本例是为即将在音乐广场演出的流行音乐演唱会设计的广告。在广告的设计上要表现出号召力和音乐感染力，要调动形象、色彩、构图、形式等元素营造出强烈的视觉效果，使主题更加突出明确。

4.1.2 【设计理念】

在设计制作过程中，通过暗黑色的背景营造出神秘的氛围，起到反衬的效果，突出前方的人物和文字。左上方添加亮丽的颜色给画面增添了活泼的气息，给人以活力欢快的印象。陶醉在音乐中的青年图片展示出广告的宣传主题。通过对文字的编辑给出演唱会的相关信息。广告的整体设计简约明快，颜色对比鲜明，观赏性很强。（最终效果参看光盘中的"Ch04 > 效果 > 制作演唱会广告"，见图4-1。）

图4-1

4.1.3 【操作步骤】

步骤 1 选择"文件 > 新建"命令，在弹出的"新建文档"对话框中选择"Flash 文件"选项，单击"确定"按钮，进入新建文档舞台窗口。按 Ctrl+F3 组合键，弹出"文档属性"面板，单击面板中的"编辑"按钮 编辑… ，弹出"文档属性"对话框，将"宽度"选项设为 476，"高度"选项设为 656，单击"确定"按钮，改变舞台窗口的大小。

步骤 2 将"图层 1"重命名为"底图"，选择"文件 > 导入 > 导入到舞台"命令，在弹出的"导入到舞台"对话框中选择"Ch04 > 素材 > 制作演唱会广告 > 01"文件，单击"打开"按钮，文件被导入到舞台窗口中，如图 4-2 所示。

步骤 3 选择"修改 > 位图 > 转换位图为矢量图"命令，弹出"转换位图为矢量图"对话框，在对话框中进行设置，如图 4-3 所示。单击"确定"按钮，效果如图 4-4 所示。

图 4-2　　　　　　　　　　图 4-3　　　　　　　　　　图 4-4

步骤 4 单击"时间轴"面板下方的"新建图层"按钮 创建新图层，并将其命名为"变形文字"。选择"文本"工具 T ，在文本工具"属性"面板中进行设置，在舞台窗口中适当的位置输入大小为 62、字体为"华文新魏"的白色文字，文字效果如图 4-5 所示。按两次 Ctrl+B 组合键将文字打散，效果如图 4-6 所示。

图 4-5　　　　　　　　　　　　　图 4-6

步骤 5 选择"任意变形"工具 ，在工具箱的下方单击"封套"按钮 ，在文字周围出现控制手柄，调整各个控制手柄将文字变形，效果如图 4-7 所示。取消选择，效果如图 4-8 所示。

图 4-7　　　　　　　　　　　　　图 4-8

步骤 6 选择"墨水瓶"工具 ，在"属性"面板中将"笔触颜色"设为红色，"笔触"选项设为 2。用鼠标在文字的边线上单击，勾画出文字的轮廓，效果如图 4-9 所示。

步骤 7 选择"文件 > 导入 > 导入到舞台"命令，在弹出的"导入到舞台"对话框中选择"Ch04 >

素材 > 制作演唱会广告 > 02"文件，单击"打开"按钮，文件被导入到舞台窗口中，并拖曳到适当的位置，效果如图 4-10 所示。演唱会广告效果制作完成，按 Ctrl+Enter 组合键即可查看效果，如图 4-11 所示。

图 4-9

图 4-10

图 4-11

4.1.4 【相关工具】

1. 将位图转换为矢量图

选中位图，如图 4-12 所示。选择"修改 > 位图 > 转换位图为矢量图"命令，弹出的"转换位图为矢量图"对话框，选项设置，如图 4-13 所示。单击"确定"按钮，位图转换为矢量图，如图 4-14 所示。

图 4-12

图 4-13

图 4-14

"颜色阈值"选项：设置将位图转化成矢量图形时的色彩细节。数值的输入范围为 0～500，该值越大，图像越细腻。

"最小区域"选项：设置将位图转化成矢量图形时色块的大小。数值的输入范围为 0～1000，该值越大，色块越大。

"曲线拟合"选项：设置在转换过程中对色块处理的精细程度。图形转化时边缘越光滑，对原图像细节的失真程度越高。

"角阈值"选项：定义角转化的精细程度。

在"转换位图为矢量图"对话框中设置的数值不同，所产生的效果也不相同，如图 4-15 所示。

图 4-15

将位图转换为矢量图形后，可以应用"颜料桶"工具 为其重新填色。

选择"颜料桶"工具 ，设置填充颜色为黄色，在图形的背景区域单击，将背景区域填充为黄色，如图 4-16 所示。

将位图转换为矢量图形后，还可以用"滴管"工具 对图形进行采样，然后将其用作填充。

选择"滴管"工具 ，鼠标指针变为 形状，在黄色小鸟上单击，吸取黄色的色彩值，如图 4-17 所示。吸取后鼠标指针变为 形状，在绿色背景上单击，用黄色进行填充，从而将绿色区域全部转换为黄色，如图 4-18 所示。

图 4-16   图 4-17   图 4-18

2. 测试动画

动画在制作完成后，要对其进行测试，可以通过多种方法来测试动画。

◎ 应用"控制器"面板

选择"窗口 > 工具栏 > 控制器"命令，弹出"控制器"面板，如图 4-19 所示。

"停止"按钮 ：用于停止播放动画。

"转到第一帧"按钮 ：用于将动画返回到第 1 帧并停止播放。

图 4-19

"后退一帧"按钮 ：用于将动画逐帧向后播放。

"播放"按钮 ：用于播放动画。

"前进一帧"按钮 ：用于将动画逐帧向前播放。

"转到最后一帧"按钮 ：用于将动画跳转到最后 1 帧并停止播放。

◎ 应用"播放"命令

选择"控制 > 播放"命令或按 Enter 键，可以对当前舞台中的动画进行浏览。在"时间轴"面板中可以看见播放头在运动，随着播放头的运动，舞台中显示出播放头所经过的帧上的内容。

◎ 应用"测试影片"命令

选择"控制 > 测试影片"命令或按 Ctrl+Enter 组合键，可以进入动画测试窗口，对动画作品的多个场景进行连续的测试。

◎ 应用"测试场景"命令

选择"控制 > 测试场景"命令或按 Ctrl+Alt+Enter 组合键，可以进入动画测试窗口，测试当

边做边学——Flash CS4 动漫制作案例教程

前舞台窗口中显示的场景或元件中的动画。

中等职业教育数字艺术类规划教材

4.1.5 【实战演练】制作啤酒广告

使用"将位图转换为矢量图"命令将位图转换为矢量图，使用"测试影片"命令观看制作完成的广告动画，使用"导入到舞台"命令导入素材图片。（最终效果参看光盘中的"Ch04 > 效果 > 制作啤酒广告"，见图4-20。）

图 4-20

4.2　制作汽车广告

4.2.1 【案例分析】

本案例是为汽车公司设计制作的汽车宣传广告。在广告设计上要通过气氛的营造突出宣传的主题，展示出汽车时尚的造型和强大的功能。

4.2.2 【设计理念】

在设计制作过程中，在黑色的背景上添加彩色的透明光感图形，显得高雅而富于创意。在左上角添加白色光线，引导人们的视线，突出前方的宣传视频。通过视频的播放表现出汽车时尚现代的造型和快速平稳的特点。（最终效果参看光盘中的"Ch04 > 效果 > 制作汽车广告"，见图4-21。）

图 4-21

4.2.3 【操作步骤】

步骤 1 选择"文件 > 新建"命令，在弹出的"新建文档"对话框中选择"Flash 文件"选项，单击"确定"按钮，进入新建文档舞台窗口。按 Ctrl+F3 组合键，弹出"文档属性"面板，单击面板中的"编辑"按钮 编辑... ，弹出"文档属性"对话框。将"宽度"选项设为 507，"高度"选项设为 370，单击"确定"按钮，改变舞台窗口的大小。

步骤 2 选择"文件 > 导入 > 导入到舞台"命令，在弹出的"导入"对话框中选择"Ch04 > 素材 > 制作汽车广告 > 01"文件，单击"打开"按钮，文件被导入到舞台窗口中，如图4-22所示。将"图层1"重命名为"底图"。

步骤 3 选择"文件 > 导入 > 导入视频"命令，在弹出的"导入视频"对话框中单击"浏览"按钮，在弹出的"打开"对话框中选择"Ch04 > 素材 > 制作汽

图 4-22

76

车广告 > 02"文件，如图 4-23 所示。单击"打开"按钮回到"导入视频"对话框中，点选
"在 SWF 中嵌入 FLV 并在时间轴中播放"选项，如图 4-24 所示。

步骤 4 单击"下一步"按钮，弹出"嵌入"对话框，对话框中的设置如图 4-25 所示。单击"下
一步"按钮，弹出"完成视频导入"对话框，单击"完成"按钮完成视频的导入，"02"视
频文件被导入"库"面板中，如图 4-26 所示。

图 4-23　　　　　　　　　　　　　　图 4-24

图 4-25　　　　　　　　　　　　　图 4-26

步骤 5 在"时间轴"面板中创建新图层并将其命名为"视频"，如图 4-27 所示。将"库"面板
中的视频文件"02"拖曳到舞台窗口中，弹出"Adobe Flash"对话框，如图 4-28 所示。单
击"是"按钮，"时间轴"面板如图 4-29 所示。

图 4-27　　　　　　　　图 4-28　　　　　　　　图 4-29

步骤 6 选择"底图"图层的第 187 帧，按 F5 键在该帧上插入普通帧，如图 4-30 所示。选中"视

频"图层，选择"任意变形"工具 ，在视频的周围出现控制点，将鼠标指针放在视频右上方的控制点上，鼠标指针变为，按住 Shift 的同时向中间拖曳控制点，松开鼠标，视频等比缩小。将鼠标指针放在视频右上方控制点的外侧，鼠标指针变为，拖动鼠标旋转视频，并拖曳视频到适当的位置，在舞台窗口的任意位置单击鼠标，取消对视频的选取，效果如图4-31 所示。

图 4-30   图 4-31

步骤 7 在"时间轴"面板中创建新图层并将其命名为"白色边框"。选择"矩形"工具，在工具箱中将"笔触颜色"设为无，"填充颜色"设为白色，在舞台窗口中绘制 1 个矩形图形，效果如图 4-32 所示。

步骤 8 在"时间轴"面板中将"白色边框"图层拖曳到"视频"图层的下方，如图 4-33 所示。选择"任意变形"工具 选取矩形，在矩形周围出现控制点，用与调整视频相同的方法将矩形图形旋转到适当的角度，并拖曳到适当的位置，效果如图 4-34 所示。汽车广告制作完成，按 Ctrl+Enter 组合键即可查看效果。

图 4-32

图 4-33

图 4-34

4.2.4 【相关工具】

1. 导入视频素材

◎ 视频素材格式

Flash CS4 版本对导入的视频格式作了严格的限制，只能导入 FLV 和 F4V 格式的视频，而 FLV 视频格式是当前网页视频观看的主流。

要导入 FLV 格式的文件，可以选择"文件 > 导入 > 导入到舞台"命令或"文件 > 导入 > 导入到库"命令。双击"库"面板中的任意现有视频，弹出"视频属性"对话框。在弹出的对话框中单击"导入"按钮，定位到要导入的文件。

◎ F4V

F4V 是 Adobe 公司为了迎接高清时代而推出的继 FLV 格式后的支持 H.264 的流媒体格式。它和 FLV 主要的区别在于，FLV 格式采用的是 H.263 编码，而 F4V 则支持 H.264 编码的高清晰视频，码率最高可达 50Mbit/s。

◎ **FLV**

FLV（Macromedia Flash Video）文件可以导入导出带编码音频的静态视频流，适用于通信应用程序，如视频会议或包含从 Adobe 的 Macromedia Flash Media Server 中导出的屏幕共享编码数据的文件。

◎ **导入 FLV 视频**

要导入 FLV 格式的文件，可以选择"文件 > 导入 > 导入视频"命令，弹出"导入视频"对话框。单击"浏览"按钮，弹出"打开"对话框，在对话框中选择"基础素材 > Ch04 > 02"文件，如图 4-35 所示。单击"打开"按钮，返回到"导入"对话框，在对话框中点选"在 SWF 中嵌入 FLV 并在时间轴中播放"选项，如图 4-36 所示，单击"下一步"按钮。

图 4-35

图 4-36

进入"嵌入"对话框，如图 4-37 所示。单击"下一步"按钮，弹出"完成视频导入"对话框，如图 4-38 所示，单击"完成"按钮完成视频的编辑。

图 4-37

图 4-38

此时"舞台窗口"、"时间轴"和"库"面板中的效果分别如图 4-39、图 4-40 和图 4-41 所示。

边做边学——Flash CS4 动漫制作案例教程

中等职业教育数字艺术类规划教材

图 4-39　　　　　　图 4-40　　　　　　图 4-41

2. 视频的属性

在"属性"面板中可以更改导入视频的属性。选中视频，选择"窗口 > 属性"命令，弹出视频"属性"面板，如图 4-42 所示。

"实例名称"选项：可以设定嵌入视频的名称。

"交换"按钮：单击此按钮，弹出"交换嵌入视频"对话框，可以将一个视频剪辑与另一个视频剪辑交换。

"宽度"、"高度"选项：可以设定视频的宽度和高度。

"X"、"Y"选项：可以设定视频在场景中的位置。

图 4-42

3. 在"时间轴"面板中设置帧

在"时间轴"面板中，可以对帧进行一系列的操作。

◎ **插入帧**

选择"插入 > 时间轴 > 帧"命令或按 F5 键，可以在时间轴上插入一个普通帧。

选择"插入 > 时间轴 > 关键帧"命令或按 F6 键，可以在时间轴上插入一个关键帧。

选择"插入 > 时间轴 > 空白关键帧"命令，可以在时间轴上插入一个空白关键帧。

◎ **选择帧**

选择"编辑 > 时间轴 > 选择所有帧"命令或按 Ctrl+Alt+A 组合键，选中时间轴中的所有帧。

单击要选择的帧，帧变为蓝色。

单击要选择的帧，再向前或向后进行拖曳，其间鼠标经过的帧全部被选中。

按住 Ctrl 键的同时用鼠标单击要选择的帧，可以选择多个不连续的帧。

按住 Shift 键的同时用鼠标单击要选择的两个帧，则这两个帧中间的所有帧都被选中。

◎ **移动帧**

选中一个或多个帧，按住鼠标，移动所选帧到目标位置。在移动过程中如果按住 Alt 键，会在目标位置上复制所选的帧。

选中一个或多个帧，选择"编辑 > 时间轴 > 剪切帧"命令或按 Ctrl+Alt+X 组合键，剪切所选的帧。选中目标位置，选择"编辑 > 时间轴 > 粘贴帧"命令或按 Ctrl+Alt+V 组合键，在目标

80

位置上粘贴所选的帧。

　　◎　删除帧

　　用鼠标右键单击要删除的帧，在弹出的快捷菜单中选择"清除帧"命令。

　　选中要删除的普通帧，按 Shift+F5 组合键删除帧。选中要删除的关键帧，按 Shift+F6 组合键删除关键帧。

提　示　在 Flash CS4 系统默认状态下，"时间轴"面板中每一个图层的第 1 帧都被设置为关键帧，后面插入的帧将拥有第 1 帧中的所有内容。

4.2.5　【实战演练】制作摄像机广告

　　使用"导入视频"命令导入视频素材，使用"帧"命令插入普通帧，延长动画的播放时间，使用"任意变形"命令改变视频的大小和角度。（最终效果参看光盘中的"Ch04 > 效果 > 制作摄像机广告"，见图 4-43。）

4.3　制作购物广告

4.3.1　【案例分析】

图 4-43

　　本案例是为某服装公司设计制作的夏日服饰宣传广告。在广告设计上要求充分运用色彩、图片和文字展示出时尚青春的氛围，从而达到宣传的目的。

4.3.2　【设计理念】

　　在设计制作过程中，以蓝色的渐变背景给人知性和高雅的印象，右下角放射状图形引导人们的视线，突出人物图片和文字。下方的橘黄色图形使画面显得亮丽温馨，展现出青春和时尚感。以人物照片和文字点明宣传的主题，易博得人们的好感。（最终效果参看光盘中的"Ch04 > 效果 > 制作购物广告"，见图 4-44。）

4.3.3　【操作步骤】

1.　导入图片并添加文字

图 4-44

步骤　1　选择"文件 > 新建"命令，在弹出的"新建文档"对话框中选择"Flash 文件"选项，单击"确定"按钮，进入新建文档舞台窗口。按 Ctrl+F3 组合键，弹出文档"属性"面板，单击面板中的"编辑"按钮 编辑...，弹出"文档属性"对话框，将"宽度"选项设为 400，"高度"选项设为 563，将"背景颜色"设为灰色（#999999），单击"确定"按钮。

步骤 2 将"图层 1"重新命名为"底图"。选择"文件 > 导入 > 导入到库"命令，在弹出的"导入到库"对话框中选择"Ch04 > 素材> 购物广告 >01、02、03、04"文件，单击"打开"按钮，文件被导入到"库"面板中，如图 4-45 所示。

步骤 3 将"库"面板中的位图"01"拖曳到舞台窗口中，效果如图 4-46 所示。选中第 77 帧，按 F5 键插入普通帧，如图 4-47 所示。

图 4-45   图 4-46   图 4-47

步骤 4 在"库"面板下方单击"新建元件"按钮，弹出"创建新元件"对话框，在"名称"选项的文本框中输入"文字 1"，在"类型"选项的下拉列表中选择"图形"选项，单击"确定"按钮，创建图形元件"文字 1"，舞台窗口也随之转换为图形元件"文字 1"的舞台窗口。选择"文本"工具 T，在文本工具"属性"面板中进行设置，在舞台窗口中适当的位置输入大小为 30，字体为"汉仪菱心体简"的橘黄色（#FF9900）文字，文字效果如图 4-48 所示。

步骤 5 选择"选择"工具，选中舞台窗口中的文字。按住 Alt 键的同时向右下方拖曳文字到适当的位置进行复制，在工具箱中将"填充颜色"设为深灰色（#333333），效果如图 4-49 所示。按 Ctrl+↓组合键，将深灰色文字置于橘黄色文字的下方，效果如图 4-50 所示。用相同的方法制作图形元件"文字 2"，文字效果如图 4-51 所示。

图 4-48   图 4-49

图 4-50   图 4-51

步骤 6 创建图形元件"介绍框 1"，舞台窗口也随之转换为图形元件"介绍框 1"的舞台窗口。选择"椭圆"工具，在椭圆工具"属性"面板中将"笔触颜色"设为白色，"填充颜色"设为橘红色（#FF6600），将"笔触"选项设为 3。按住 Shift 键的同时，在舞台窗口中绘制圆形，效果如图 4-52 所示。

步骤 7 选择"文本"工具 T，在文本工具"属性"面板中进行设置，在舞台窗口中适当的位置输入大小为 25、字体为"汉仪菱心体简"的黑色文字,效果如图 4-53 所示。选择"选择"工具 ↖,选中舞台窗口中的文字。按住 Alt 键的同时向左上方拖曳文字到适当的位置进行复制,在工具箱下方将"填充颜色"设为白色,效果如图 4-54 所示。

图 4-52

图 4-53

图 4-54

步骤 8 在"库"面板中用鼠标右键单击元件"介绍框 1",在弹出的菜单中选择"直接复制"命令,弹出"直接复制元件"对话框,在"名称"选项的文本框中输入"介绍框 2",其他选项为默认值,如图 4-55 所示。单击"确定"按钮,生成新图形元件"介绍框 2"。

步骤 9 在"库"面板中双击元件"介绍框 2",舞台窗口随之转换为元件"介绍框 2"的舞台窗口。选择"文本"工具 T,分别选中元件中的原文字和复制文字,将其更改为"简单大方",并按需要修改文字的大小,效果如图 4-56 所示。用相同的方法复制出元件"介绍框 3",并将元件中的文字更改为"个性",效果如图 4-57 所示。

图 4-55

图 4-56

图 4-57

2. 制作人物动画

步骤 1 单击舞台窗口左上方的"场景 1"图标 场景 1,进入"场景 1"的舞台窗口。单击"时间轴"面板下方的"新建图层"按钮 🔲,创建新图层并将其命名为"人物 1"。分别选中"人物 1"图层的第 6 帧和第 30 帧,按 F6 键在选中的帧上插入关键帧,如图 4-58 所示。选中"人物 1"图层的第 6 帧,将"库"面板中的图形元件"元件 2"拖曳到舞台窗口的右侧外部,在图形"属性"面板中,将"X"和"Y"选项分别设为 468 和 53,效果如图 4-59 所示。

步骤 2 选中"人物 1"图层的第 12 帧,按 F6 键在该帧上插入关键帧,如图 4-60 所示。选中舞台窗口中的人物图形,在图形"属性"面板中,将"X"选项的值修改为 219,"Y"选项保持不变。舞台窗口中的人物图形改变了位置,效果如图 4-61 所示。

图 4-58

图 4-59　　　　　　　　　　　图 4-60　　　　　　　　　　图 4-61

可以根据需要更改图层的名称。双击"时间轴"面板中的图层名称，名称文本变为可编辑状态，输入要更改的图层名称，在图层旁边单击，即可完成图层名称的修改。还可选中要修改名称的图层，选择"修改 > 时间轴 > 图层属性"命令，在弹出的"图层属性"对话框中修改图层的名称。

步骤 3　用鼠标右键单击第 6 帧，在弹出的菜单中选择"创建传统补间"命令，生成传统补间动画，如图 4-62 所示。分别选中"人物 1"图层的第 13 帧、第 14 帧、第 15 帧和第 16 帧，按 F6 键在选中的帧上插入关键帧，如图 4-63 所示。

图 4-62　　　　　　　　　　　　　　图 4-63

步骤 4　选中"人物 1"图层的第 13 帧，选择"选择"工具，在舞台窗口中选中"元件 2"实例。在图形"属性"面板中选择"色彩效果"选项组，在"样式"选项的下拉列表中选择"色调"选项，将"着色"选项设为白色，如图 4-64 所示，舞台窗口中的效果如图 4-65 所示。用相同的方法设置第 15 帧。

图 4-64　　　　　　　　　　图 4-65

步骤 5　分别选中"人物 1"图层的第 23 帧和第 29 帧，按 F6 键在选中的帧上插入关键帧。选中第 29 帧，在舞台窗口中选中"元件 2"实例，在图形"属性"面板中，将"X"选项的值修改为 414，"Y"选项保持不变。在图形"属性"面板中选择"色彩效果"选项组，在

"样式"选项的下拉列表中选择"Alpha",将其值设为 0,如图 4-66 所示。设置完成后,人物图形的不透明度为 0,舞台窗口中将只显示出图形的选择边框,效果如图 4-67 所示。

步骤 6 用鼠标右键单击"人物 1"图层的第 23 帧,在弹出的菜单中选择"创建传统补间"命令,生成传统补间动画,如图 4-68 所示。

图 4-66

图 4-67

图 4-68

步骤 7 在"人物 1"图层上方创建两个新图层,并将其命名为"人物 2"和"人物 3"。分别将"库"面板中的图形元件"元件 3"拖曳到"人物 2"图层的舞台窗口中,图形元件"元件 4"拖曳到"人物 3"图层的舞台窗口中,用上述相同的方法制作人物动画效果,"时间轴"面板显示效果如图 4-69 所示。

图 4-69

3. 制作文字动画

步骤 1 在"人物 3"图层上方创建新图层并将其命名为"文字 1"。选中"人物 3"图层的第 6帧,按 F6 键在该帧上插入关键帧。将"库"面板中的图形元件"文字 1"拖曳到舞台窗口中。在图形"属性"面板中,将"X"、"Y"选项分别设为 -131、43,舞台窗口中的效果如图 4-70 所示。

步骤 2 选中"文字 1"图层的第 12 帧,按 F6 键在该帧上插入关键帧。选中舞台窗口中的"文字 1"实例,在图形"属性"面板中,将"X"选项的值修改为 109,"Y"选项保持不变,舞台窗口中的文字改变了位置,如图 4-71 所示。用鼠标右键单击"文字 1"图层的第 6 帧,在弹出的菜单中选择"创建传统补间"命令,生成传统补间动画,如图 4-72 所示。

步骤 3 创建新图层并将其命名为"文字 2"。选中图层的第 12 帧,按 F6 键在该帧上插入关键帧。将"库"面板中的元件"文字 2"拖曳到舞台窗口中。在图形"属性"面板中,将"X"、"Y"选项分别设为 -125 和 83,舞台窗口中的效果如图 4-73 所示。

步骤 4 选中"文字 2"图层的第 18 帧,按 F6 键在该帧上插入关键帧。选中舞台窗口中的"文字 2"实例,在图形"属性"面板中,将"X"选项的值修改为 167,"Y"选项保持不变,舞台窗口中的文字改变了位置,如图 4-74 所示。用鼠标右键单击"文字 2"图层的第 12 帧,在弹出的菜单中选择"创建传统补间"命令，生成传统补间动画，如图4-75所示。

图4-70   图4-71   图4-72

图4-73   图4-74   图4-75

步骤 5 创建新图层并将其命名为"介绍框1"。选中"介绍框1"图层的第16帧，按F6键在该帧上插入关键帧。将"库"面板中的图形元件"介绍框1"拖曳到舞台窗口中。在图形"属性"面板中，将"X"、"Y"选项分别设为−100和427，效果如图4-76所示。

步骤 6 选中"介绍框1"图层的第20帧，按F6键在该帧上插入关键帧。选中舞台窗口中的"介绍框1"实例，在图形"属性"面板中，将"X"选项的值修改为31，"Y"选项保持不变，舞台窗口中的图形改变了位置，如图4-77所示。用鼠标右键单击"介绍框1"图层的第16帧，在弹出的菜单中选择"创建传统补间"命令，生成传统补间动画，如图4-78所示。

图4-76   图4-77   图4-78

步骤 7 创建新图层并将其命名为"介绍框2"。选中"介绍框2"图层的第40帧，按F6键在该帧上插入关键帧。将"库"面板中的元件"介绍框2"拖曳到舞台窗口中。在图形"属性"面板中，将"X"、"Y"选项分别设为−98和491，舞台窗口中的效果如图4-79所示。

步骤 8 选中"介绍框2"图层的第44帧，按F6键在该帧上插入关键帧。选中舞台窗口中的"介绍框2"实例，在图形"属性"面板中，将"X"选项的值修改为94，"Y"选项保持不变，舞台窗口中的图形改变了位置，如图4-80所示。用鼠标右键单击"介绍框2"

图层的第 40 帧，在弹出的菜单中选择"创建传统补间"命令，生成传统补间动画，如图 4-81 所示。

图 4-79

图 4-80

图 4-81

步骤 **9** 创建新图层并将其命名为"介绍框 3"。选中"介绍框 3"图层的第 61 帧，按 F6 键在该帧上插入关键帧。将"库"面板中的元件"介绍框 3"拖曳到舞台窗口中。在图形"属性"面板中，将"X"、"Y"选项分别设为－88 和 534，舞台窗口中的效果如图 4-82 所示。

步骤 **10** 选中"介绍框 3"图层的第 65 帧，按 F6 键插入关键帧。选中舞台窗口中的"介绍框 3"实例，在图形"属性"面板中将"X"选项的值修改为 58，"Y"选项保持不变，舞台窗口中的图形改变了位置，如图 4-83 所示。

步骤 **11** 用鼠标右键单击"介绍框 3"图层的第 61 帧，在弹出的菜单中选择"创建传统补间"命令，生成传统补间动画，如图 4-84 所示。购物广告制作完成，按 Ctrl+Enter 组合键即可查看效果，如图 4-85 所示。

图 4-82

图 4-83

图 4-84

图 4-85

技 巧 如果想删除帧，鼠标右键单击要删除的帧，在弹出的快捷菜单中选择"清除帧"命令即可。或者选中要删除的普通帧，按 Shift+F5 组合键将其删除。选中要删除的关键帧，按 Shift+F6 组合键将其删除。

4.3.4 【相关工具】

1. 动作补间动画

新建空白文档，选择"文件 > 导入 > 导入到库"命令，将"03"文件导入到"库"面板中，如图 4-86 所示。将"03"元件拖曳到舞台窗口的左下方，如图 4-87 所示。

用鼠标右键单击"时间轴"面板中的第 10 帧，在弹出的菜单中选择"插入关键帧"命令，在第 10 帧上插入一个关键帧，如图 4-88 所示。将元件拖曳到舞台窗口的右上方，如图 4-89 所示。

图 4-86

图 4-87

图 4-88

图 4-89

在"时间轴"面板中用鼠标右键单击第 1 帧，在弹出的菜单中选择"创建传统补间"命令。

设为"动画"后，面板中出现多个新的选项，如图 4-90 所示。

图 4-90

"缓动"选项：用于设定动作补间动画从开始到结束时的运动速度，其取值范围为－100～100。当选择正数时，运动速度呈递减趋势，即开始时速度快，然后速度逐渐减慢；当选择负数时，运动速度呈递增趋势，即开始时速度慢，然后速度逐渐加快。

"旋转"选项：用于设置对象在运动过程中的旋转样式和次数。其中包含 4 种样式："无"表示在运动过程中不允许对象旋转；"自动"表示对象按快捷的路径进行旋转变化；"顺时针"表示对象在运动过程中按顺时针的方向进行旋转，可以在右边的"旋转次数"选项中设置旋转的次数；"逆时针"表示对象在运动过程中按逆时针的方向进行旋转，可以在右边的"旋转次数"选项中设置旋转的次数。

"贴紧"复选框：勾选此复选框，如果使用运动引导动画，则根据对象的中心点将其吸附到运动路径上。

"调整到路径"复选框：勾选此复选框，对象在运动引导动画过程中，可以根据引导路径的曲线改变变化的方向。

"同步"复选框：勾选复选框，如果对象是一个包含动画效果的图形组件实例，其动画和主时间轴同步。

"缩放"复选框：勾选此复选框，对象在动画过程中可以改变实例。

在"时间轴"面板中，第 1 帧～第 10 帧出现蓝色的背景和黑色的箭头，表示生成动作补间动画，如图 4-91 所示。完成动作补间动画的制作，按 Enter 键让播放头进行播放，即可观看制作的效果。

如果想观察制作的传统补间动画中每 1 帧产生的不同效果，可以单击"时间轴"面板下方的"绘图纸外观"按钮，并将标记点的起始点设为第 1 帧，终止点设为第 10 帧，如图 4-92 所示。舞台中显示出在不同的帧中，元件位置的变化效果，如图 4-93 所示。

图 4-91　　　　　　　　　　　图 4-92　　　　　　　　　　　图 4-93

如果在帧"属性"面板中将"旋转"选项设为"顺时针",如图 4-94 所示,那么在不同的帧中,元件位置的变化效果如图 4-95 所示。

图 4-94　　　　　　　　　　　　图 4-95

还可以在对象的运动过程中改变其大小、透明度等,下面进行详细的介绍。

新建空白文档,选择"文件 > 导入 > 导入到库"命令,将"04"文件导入到"库"面板中,如图 4-96 所示。将图形元件拖曳到舞台的中心,如图 4-97 所示。

图 4-96　　　　　　　　图 4-97

用鼠标右键单击"时间轴"面板中的第 10 帧,在弹出的菜单中选择"插入关键帧"命令,在第 10 帧上插入一个关键帧。选择"任意变形"工具，在舞台中单击图形,出现变形控制点,如图 4-98 所示。

将鼠标指针放在左侧的控制点上,鼠标指针变为双箭头形状,按住鼠标不放,选中控制点并向右拖曳,将图形水平翻转,如图 4-99 所示。松开鼠标后效果如图 4-100 所示。

按 Ctrl+T 组合键弹出"变形"面板,将"高度"和"宽度"选项设置为 60%,其他选项为默认值,如图 4-101 所示。按 Enter 键确定操作,如图 4-102 所示。

选择"选择"工具选中图形,选择"窗口 > 属性"命令,弹出图形"属性"面板,在"色彩效果"选项的组中的"样式"选项的下拉列表中选择"Alpha",将其值设为 14%,如图 4-103 所示。

图 4-98

图 4-99

图 4-100

图 4-101

图 4-102

图 4-103

舞台中图形的不透明度被改变,如图 4-104 所示。在"时间轴"面板中,用鼠标右键单击第 1 帧,在弹出的菜单中选择"创建传统补间"命令,在第 1 帧~第 10 帧之间生成传统补间动画,如图 4-105 所示。按 Enter 键让播放头进行播放,即可观看制作的效果。

图 4-104

图 4-105

在不同的关键帧中,图形的动作变化效果如图 4-106 所示。

(a)第 1 帧

(b)第 3 帧

(c)第 5 帧

（d）第 7 帧　　　　　（e）第 9 帧　　　　　（f）第 10 帧

图 4-106

2. 形状补间动画

如果舞台上的对象是组件实例、多个图形的组合、文字和导入的素材对象，必须先分离或取消组合，将其打散成图形，才能制作形状补间动画。利用这种动画也可以实现上述对象的大小、位置、旋转、颜色、透明度等的变化。

选择"文件 > 导入 > 导入到舞台"命令，将"06"文件导入到舞台的第 1 帧中。多次按 Ctrl+B 组合键将图形打散，如图 4-107 所示。

用鼠标右键单击"时间轴"面板中的第 10 帧，在弹出的菜单中选择"插入空白关键帧"命令，如图 4-108 所示，在第 10 帧上插入一个空白关键帧，如图 4-109 所示。

图 4-107　　　　　　　　图 4-108　　　　　　　　图 4-109

选中第 10 帧，选择"文件 > 导入 > 导入到库"命令，将"10"文件导入到库中。将"库"面板中的图形元件"07.ai"拖曳到舞台窗口中，多次按 Ctrl+B 组合键将图形打散，如图 4-110 所示。

用鼠标右键单击"时间轴"面板中的第 1 帧，在弹出的菜单中选择"创建补间形状"命令，如图 4-111 所示。

设为"形状"后，面板中出现如下 2 个新的选项。

"缓动"选项：用于设定变形动画从开始到结束时的变形速度，其取值范围为－100～100。当选择正数时，变形速度呈递减趋势，即开始时速度快，然后速度逐渐减慢；当选择负数时，变形速度呈递增趋势，即开始时速度慢，然后速度逐渐加快。

"混合"选项：提供了"分布式"和"角形"2 个选项。选择"分布式"选项可以使变形的中间形状趋于平滑，选择"角形"选项则创建包含角度和直线的中间形状。

设置完成后，在"时间轴"面板中第 1 帧～第 10 帧出现绿色的背景和黑色的箭头，表示生成形状补间动画，如图 4-112 所示。按 Enter 键让播放头进行播放，即可观看制作的效果。

在变形过程中每一帧上的图形都发生不同的变化，如图 4-113 所示。

图 4-110　　　　　　　　图 4-111　　　　　　　　图 4-112

（a）第1帧　　（b）第3帧　　（c）第5帧　　（d）第7帧　　（e）第9帧　　（f）第10帧

图 4-113

3. 逐帧动画

新建空白文档，选择"文本"工具 T ，在第 1 帧的舞台中输入"美"字，如图 4-114 所示。在"时间轴"面板中选中第 2 帧，如图 4-115 所示。按 F6 键在第 2 帧上插入关键帧，如图 4-116 所示。

图 4-114　　　　　　　　图 4-115　　　　　　　　图 4-116

在第 2 帧的舞台中输入"好"字，如图 4-117 所示。用相同的方法在第 3 帧上插入关键帧，在舞台中输入"的"字，如图 4-118 所示。在第 4 帧上插入关键帧，在舞台中输入"一"字，如图 4-119 所示。

图 4-117　　　　　　　　图 4-118　　　　　　　　图 4-119

在第 5 帧上插入关键帧，如图 4-120 所示，在舞台中输入"天"字，如图 4-121 所示。按 Enter 键让播放头进行播放，即可观看制作的效果。

图 4-120　　　　　　　　图 4-121

CHAPTER 4

还可以通过从外部导入图片组来实现逐帧动画的效果。

选择"文件 > 导入 > 导入到舞台"命令，弹出"导入"对话框，在对话框中选中素材文件，如图 4-122 所示。单击"打开"按钮，弹出提示对话框，询问是否将图像序列中的所有图像导入，如图 4-123 所示。

图 4-122

图 4-123

单击"是"按钮将图像序列导入到舞台中，如图 4-124 所示。按 Enter 键让播放头进行播放，即可观看制作的效果。

4. 创建图形元件

选择"插入 > 新建元件"命令或按 Ctrl+F8 组合键，弹出"创建新元件"对话框。在"名称"选项的文本框中输入"汽车"，在"类型"选项下拉列表中选择"图形"选项，如图 4-125 所示。

单击"确定"按钮，创建一个新的图形元件"汽车"。图形元件的名称出现在舞台的左上方，舞台切换到了图形元件"汽车"的窗口，窗口中间出现"＋"，代表图形元件的中心定位点，如图 4-126 所示。在"库"面板中显示出图形元件，如图 4-127 所示。

图 4-124

图 4-125

图 4-126

图 4-127

选择"文件 > 导入 > 导入到舞台"命令，弹出"导入"对话框。选择光盘中的"基础素材 > Ch04 > 05"文件，单击"打开"按钮，将素材导入到舞台，如图 4-128 所示，完成图形元件的创建。单击舞台窗口左上方的"场景 1"图标 场景 1，就可以返回到场景的编辑舞台。

还可以应用"库"面板创建图形元件。单击"库"面板右上方的 按钮，在弹出的菜单中选择"新建元件"命令，弹出"创建新元件"对话框，选中"图形"选项，单击"确定"按钮创建图形元件。也可在"库"面板中创建按钮元件或影片剪辑元件。

图 4-128

5. 创建影片剪辑元件

选择"插入 > 新建元件"命令或按 Ctrl+F8 组合键，弹出"创建新元件"对话框，在"名称"文本框中输入"变形动画"，在"类型"选项下拉列表中选择"影片剪辑"选项，如图 4-129 所示。

图 4-129

单击"确定"按钮，创建一个新的影片剪辑元件"变形动画"。影片剪辑元件的名称出现在舞台的左上方，舞台切换到影片剪辑元件"变形动画"的窗口，窗口中间出现"＋"，代表影片剪辑元件的中心定位点，如图 4-130 所示。在"库"面板中显示出影片剪辑元件，如图 4-131 所示。

图 4-130

图 4-131

选择"矩形"工具，在中心点上绘制 1 个矩形，如图 4-132 所示。在"时间轴"面板中选中第 10 帧，按 F6 键在该帧上插入关键帧，如图 4-133 所示。

图 4-132　　　　　　　　　　　　　　　图 4-133

在第 10 帧的舞台中显示出第 1 帧绘制的图形，选择"选择"工具 ▶ 修改矩形的形状，如图 4-134 所示。

在"时间轴"面板中选中第 1 帧，如图 4-135 所示，单击鼠标右键，在弹出的快捷菜单中选择"创建补间形状"命令，如图 4-136 所示。

在"时间轴"面板中出现箭头标志线，如图 4-137 所示。

图 4-134　　　　　　　　　　　　　　　图 4-135

图 4-136

图 4-137

影片剪辑元件制作完成，在不同的关键帧上舞台中显示出不同的变形图形，如图 4-138 所示。单击舞台窗口左上方的"场景 1"图标 场景 1，就可以返回到场景的编辑舞台。

图 4-138

中等职业教育数字艺术类规划教材

6. 创建按钮元件

选择"插入 > 新建元件"命令或按 Ctrl+F8 组合键，弹出"创建新元件"对话框，在"名称"文本框中输入"静态按钮"，在"类型"选项下拉列表中选择"按钮"选项，如图 4-139 所示。

图 4-139

单击"确定"按钮，创建一个新的按钮元件"静态按钮"。按钮元件的名称出现在舞台的左上方，舞台切换到了按钮元件"静态按钮"的窗口，窗口中间出现"＋"，代表按钮元件的中心定位点。在"时间轴"窗口中显示出 4 个状态帧"弹起"、"指针经过"、"按下"和"点击"，如图 4-140 所示。在"库"面板中显示出影片剪辑元件，如图 4-141 所示。

图 4-140   图 4-141

"弹起"帧：设置鼠标指针不在按钮上时的外观。

"指针经过"帧：设置鼠标指针放在按钮上时按钮的外观。

"按下"帧：设置按钮被单击时的外观。

"点击"帧：设置响应鼠标单击的区域。此区域在影片里不可见。

选择"椭圆"工具，在工具箱中将"笔触颜色"设为无，"填充颜色"设为红色（##FF0000）。在中心点上绘制出 1 个圆形，如图 4-142 所示。在"时间轴"面板中选中"指针经过"帧，按 F6 键插入关键帧，如图 4-143 所示。

选中"颜料桶"工具

图 4-142

图 4-143

，在工具箱中将"填充颜色"设为蓝色（#0033FF），在圆形上单击，改变圆形的颜色，效果如图 4-144 所示。在"时间轴"面板中选中"按下"帧，按 F6 键插入关键帧，如图 4-145 所示。

选择"选择"工具 ，在舞台窗口中拖曳出一个矩形选择框，如图 4-146 所示。按 Delete 键将选中的图形删除，效果如图 4-147 所示。

| 图 4-144 | 图 4-145 | 图 4-146 | 图 4-147 |

用鼠标右键单击"时间轴"面板中的"按下"帧，在弹出的菜单中选择"插入空白关键帧"命令，如图 4-148 所示，在该帧上插入空白关键帧。选择"矩形"工具，在中心点上绘制出 1 个矩形，作为按钮动画应用时鼠标响应的区域，如图 4-149 所示。

| 图 4-148 | 图 4-149 |

7. 改变实例的颜色和透明度

在舞台中选中实例，选择"属性"面板，在"色彩效果"选项组中的"样式"选项的下拉列表，如图 4-150 所示。

"无"选项：表示对当前实例不进行任何更改。如果对实例以前做的变化效果不满意，可以选择此选项取消实例的变化效果，然后再重新设置新的效果。

"亮度"选项：用于调整实例的明暗对比度。

可以在"亮度数量"选项中直接输入数值，也可以拖动右侧的滑块来设置数值，如图 4-151 所示。其默认的数值为 0，取值范围为 −100～100。当取值大于 0 时实例变亮，当取值小于 0 时实例变暗。

图 4-150 　　　　　　　　　图 4-151

输入的数值不同，实例的亮度效果也不同，如图 4-152 所示。

（a）数值为 78 时　　　　　　　　（b）数值为 45 时

（c）数值为 0 时　　　　　（d）数值为 –45 时　　　　　（e）数值为 –78 时

图 4-152

"色调"选项：用于为实例增加颜色，如图 4-153 所示。可以单击"样式"选项右侧的色块，在弹出的色板中选择要应用的颜色，如图 4-154 所示。应用颜色后实例效果如图 4-155 所示。

图 4-153 　　　　　　　　图 4-154 　　　　　　　　图 4-155

在色调按钮右侧的"色彩数量"选项中设置数值，如图 4-156 所示。其取值范围为 0～100，当数值为 0 时，实例颜色将不受影响，当数值为 100 时，实例的颜色将完全被所选颜色取代。也可以在"RGB"数值框中输入数值来设置颜色。

"高级"选项：用于设置实例的颜色和透明效果，可以分别调节"红"、"绿"、"蓝"和"Alpha"的值。

在舞台中选中实例，如图 4-157 所示。在"样式"下拉列表中选择"高级"选项，如图 4-158 所示，各个选项的设置如图 4-159 所示，效果如图 4-160 所示。

"Alpha"选项：用于设置实例的透明效果，如图 4-161 所示。其取值范围为 0～100，数值为 0 时实例不透明，数值为 100 时实例消失。

图 4-156

图 4-157

图 4-158

图 4-159

图 4-160

图 4-161

输入的数值不同，实例的透明效果也不同，如图 4-162 所示。

（a）数值为 30 时

（b）数值为 60 时

（c）数值为 90 时

（d）数值为 100 时

图 4-162

4.3.5 【实战演练】制作时尚戒指广告

使用"创建补间形状"命令制作形状动画效果，使用"新建图形元件"命令创建文字元件，使用"新建影片剪辑元件"命令制作星星动画。（最终效果参看光盘中的"Ch04 > 效果 > 制作时尚戒指广告"，见图 4-163。）

图 4-163

4.4 综合演练——制作手机广告

使用椭圆工具制作背景图案，使用文本工具添加广告语，使用"创建补间动画"命令制作补间动画效果，使用"帧"命令插入普通帧，延长动画的播放时间。（最终效果参看光盘中的"Ch04 > 效果 > 制作手机广告"，见图 4-164。）

图 4-164

4.5 综合演练——制作邀请赛广告

使用"创建补间动画"命令制作补间动画效果，使用矩形工具和"颜色"面板制作渐变矩形效果，使用"关键帧"命令制作逐帧动画效果。（最终效果参看光盘中的"Ch04 > 效果 > 制作邀请赛广告"，见图 4-165。）

图 4-165

第5章 电子相册

网络电子相册可以用于描述美丽的风景、展现亲密的友情、记录精彩的瞬间。本章以多个主题的电子相册为例，介绍网络电子相册的构思方法和制作技巧。读者通过学习可以掌握制作要点，从而设计制作出精美的网络电子相册。

课堂学习目标

- 掌握电子相册的设计思路
- 掌握电子相册的制作方法
- 掌握电子相册的应用技巧

5.1 制作温馨生活照片

5.1.1 【案例分析】

在我们的生活中，总会有许多的温馨时刻被相机记录下来。我们可以将这些温馨的生活照片制作成电子相册，通过新的艺术和技术手段给这些照片以新的意境。

5.1.2 【设计理念】

在设计制作过程中，先设计出符合照片特色的背景图，再设置照片之间互相切换的顺序，增加电子相册的趣味性。在舞台窗口中通过更换不同的生活照片，完美表现出生活的精彩瞬间。（最终效果参看光盘中的"Ch05 > 效果 > 制作温馨生活照片"，见图 5-1。）

图 5-1

5.1.3 【操作步骤】

1. 导入图片

步骤 1 选择"文件 > 新建"命令，在弹出的"新建文档"对话框中选择"Flash 文件"选项，单击"确定"按钮，进入新建文档舞台窗口。按 Ctrl+F3

组合键弹出"文档属性"面板，单击面板中的"编辑"按钮 编辑... ，弹出"文档属性"对话框，将"宽度"选项设为 500，"高度"选项设为 500，单击"确定"按钮，改变舞台窗口的大小。

步骤 2 在"属性"面板中，单击"配置文件"选项右侧的"编辑"按钮 编辑... ，弹出"发布设置"对话框，选择"播放器"选项下拉列表中的"Flash Player 10"，如图 5-2 所示，单击"确定"按钮。

图 5-2

步骤 3 将"图层 1"重新命名为"背景"，如图 5-3 所示。选择"文件 > 导入 > 导入到舞台"命令，在弹出的"导入"对话框中选择"Ch05 > 素材 > 温馨生活照片 > 01"文件，单击"打开"按钮，文件被导入到舞台窗口中，效果如图 5-4 所示。选中"背景"图层的第 78 帧，按 F5 键在该帧上插入普通帧。

图 5-3

图 5-4

步骤 4 按 Ctrl+L 组合键弹出"库"面板，单击"库"面板下方的"新建元件"按钮 ，弹出"创建新元件"对话框，在"名称"选项的文本框中输入"小照片 1"，在"类型"选项的下拉列表中选择"按钮"选项，单击"确定"按钮，新建按钮元件"小照片 1"如图 5-5 所示，舞台窗口也随之转换为按钮元件的舞台窗口。

步骤 5 选择"文件 > 导入 > 导入到舞台"命令，在弹出的"导入"对话框中选择"Ch05 > 素材 > 温馨生活照片 > 07"文件，单击"打开"按钮，弹出"Adobe Flash CS4"提示对话框，询问是否导入序列中的所有图像，如图 5-6 所示。单击"否"按钮，文件被导入到舞台窗口中，效果如图 5-7 所示。

步骤 6 新建按钮元件"小照片 2"如图 5-8 所示，舞台窗口也随之转换为按钮元件"小照片 2"的舞台窗口。用步骤 5 中的方法将"Ch05 > 素材 > 温馨生活照片 > 08"文件导入到舞台窗口中，效果如图 5-9 所示。新建按钮元件"小照片 3"，舞台窗口也随之转换为按钮元件"小照片 3"的舞台窗口。将"Ch05 > 素材 > 温馨生活照片 > 09"文件导入到舞台窗口中，效果如图 5-10 所示。

步骤 7 新建按钮元件"小照片 4"，舞台窗口也随之转换为按钮元件"小照片 4"的舞台窗口。将"Ch05 > 素材 > 温馨生活照片 > 10"文件导入到舞台窗口中，效果如图 5-11 所示。新建按钮元件"小照片 5"，舞台窗口也随之转换为按钮元件"小照片 5"的舞台窗口。将"Ch05 > 素材 > 温馨生活照片 > 11"文件导入到舞台窗口中，效果如图 5-12 所示。

图 5-5　　　　　　　　　　图 5-6　　　　　　　　　　图 5-7

图 5-8　　　　图 5-9　　　　图 5-10　　　　图 5-11　　　　图 5-12

步骤 8　单击"库"面板下方的"新建文件夹"按钮 ▢，创建一个文件夹并将其命名为"照片"，如图 5-13 所示。在"库"面板中选中任意一幅位图图片，按住 Shift 键选中所有的位图图片，如图 5-14 所示。将选中的图片拖曳到"照片"文件夹中，如图 5-15 所示。

图 5-13　　　　　　图 5-14　　　　　　图 5-15

2. 在场景中确定小照片的位置

步骤 1　单击舞台窗口左上方的"场景 1"图标 ，进入"场景 1"的舞台窗口。单击"时间轴"面板下方的"新建图层"按钮 ，创建新图层并将其命名为"小照片"。将"库"面板中的按钮元件"小照片 1"拖曳到舞台窗口中，在按钮"属性"面板中，将"X"选项设为 333.8，"Y"选项设为 37.8，如图 5-16 所示。将实例放置在背景图的右上方，效果如图 5-17 所示。

图 5-16   图 5-17

步骤 2 将"库"面板中的按钮元件"小照片 2"拖曳到舞台窗口中，在按钮"属性"面板中，将"X"选项设为 363.3，"Y"选项设为 106.5，将实例放置在背景图的右上方，效果如图 5-18 所示。

步骤 3 将"库"面板中的按钮元件"小照片 3"拖曳到舞台窗口中，在按钮"属性"面板中，将"X"选项设为 327.8，"Y"选项设为 166.8，将实例放置在背景图的右上方，效果如图 5-19 所示。

步骤 4 将"库"面板中的按钮元件"小照片 4"拖曳到舞台窗口中，在按钮"属性"面板中，将"X"选项设为 364.4，"Y"选项设为 219.4，将实例放置在背景图的右下方，效果如图 5-20 所示。

图 5-18   图 5-19   图 5-20

步骤 5 将"库"面板中的按钮元件"小照片 5"拖曳到舞台窗口中，在按钮"属性"面板中，将"X"选项设为 329.8，"Y"选项设为 283.4，将实例放置在背景图的右下方，效果如图 5-21 所示。

步骤 6 选中"小照片"图层的第 2 帧、第 16 帧、第 31 帧、第 47 帧、第 63 帧，按 F6 键分别在选中的帧上插入关键帧，如图 5-22 所示。

步骤 7 选中"小照片"图层的第 2 帧，在舞台窗口中选中"小照片 1"实例，按 Delete 键将其删除，效果如图 5-23 所示。选中"小照片"图层的第 16 帧，在舞台窗口中选中"小照片 2"实例，按 Delete 键将其删除，效果如图 5-24 所示。选中"小照片"图层的第 31 帧，在舞台窗口中选中"小照片 3"实例，按 Delete 键将其删除，效果如图 5-25 所示。

图 5-21

图 5-22

图 5-23

图 5-24

图 5-25

步骤 8 选中"小照片"图层的第 47 帧，在舞台窗口中选中"小照片 4"实例，按 Delete 键将其删除，效果如图 5-26 所示。选中"小照片"图层的第 63 帧，在舞台窗口中选中"小照片 5"实例，按 Delete 键将其删除，效果如图 5-27 所示。

图 5-26

图 5-27

3. 制作大照片按钮

步骤 1 按 Ctrl+F8 组合键弹出"创建新元件"对话框，在"名称"选项的文本框中输入"大照片 1"，在"类型"选项的下拉列表中选择"按钮"选项，单击"确定"按钮，新建按钮元件"大照片 1"，如图 5-28 所示，舞台窗口也随之转换为按钮元件的舞台窗口。

步骤 2 选择"文件 > 导入 > 导入到舞台"命令，在弹出的"导入"对话框中选择"Ch05 > 素材 > 温馨生活照片 > 02"文件，单击"打开"按钮，弹出"Adobe Flash CS4"提示对话框，询问是否导入序列中的所有图像，如图 5-29 所示。单击"否"按钮，文件被导入到舞台窗口中，效果如图 5-30 所示。

图 5-28　　　　　　　　　图 5-29　　　　　　　　　图 5-30

步骤 3　新建按钮元件"大照片 2"，舞台窗口也随之转换为按钮元件"大照片 2"的舞台窗口。用相同的方法将"Ch05 > 素材 > 温馨生活照片 > 03"文件导入到舞台窗口中，效果如图 5-31 所示。新建按钮元件"大照片 3"，舞台窗口也随之转换为按钮元件"大照片 3"的舞台窗口。将"Ch05 > 素材 > 温馨生活照片 > 04"文件导入到舞台窗口中，效果如图 5-32 所示。新建按钮元件"大照片 4"，舞台窗口也随之转换为按钮元件"大照片 4"的舞台窗口。将"Ch05 > 素材 > 温馨生活照片 > 05"文件导入到舞台窗口中，效果如图 5-33 所示。

步骤 4　新建按钮元件"大照片 5"，舞台窗口也随之转换为按钮元件"大照片 5"的舞台窗口。将"Ch05 > 素材 > 温馨生活照片 > 06"文件导入到舞台窗口中，效果如图 5-34 所示。按住 Ctrl 键，在"库"面板中选中所有"照片"文件夹以外的位图图片并将其拖曳到"照片"文件夹中。

图 5-31　　　　　　　图 5-32　　　　　　　图 5-33　　　　　　　图 5-34

4．在场景中确定大照片的位置

步骤 1　单击舞台窗口左上方的"场景 1"图标，进入"场景 1"的舞台窗口。在"时间轴"面板中创建新图层并将其命名为"大照片 1"。选中"大照片 1"图层的第 2 帧和第 16 帧，按 F6 键在选中的帧上插入关键帧，如图 5-35 所示。选中第 2 帧，将"库"面板中的按钮元件"大照片 1"拖曳到舞台窗口中。选中"大照片 1"实例，在"变形"面板中单击"约束"按钮，将"缩放宽度"和"缩放高度"的比例分别设为34.8，"旋转"选项设为−6.3，如图5-36所示，效果如图5-37所示。

| 图 5-35 | 图 5-36 | 图 5-37 |

步骤 2 将实例缩小并旋转，在按钮"属性"面板中，将"X"选项设为333.9，"Y"选项设为46.4，将实例放置在背景图的右上方，效果如图5-38所示。选中"大照片1"图层的第8帧和第15帧，按F6键在选中的帧上插入关键帧。

步骤 3 选中第8帧，选中舞台窗口中的"大照片1"实例，在"变形"面板中将"缩放宽度"和"缩放高度"选项分别设为100，将"旋转"选项设为0，将实例放置在舞台窗口的左侧，效果如图5-39所示。选中第9帧，按F6键在该帧上插入关键帧。用鼠标右键分别单击"大照片1"图层的第2帧和第9帧，在弹出的菜单中选择"创建传统补间"命令，生成传统补间动画，如图5-40所示。

| 图 5-38 | 图 5-39 | 图 5-40 |

步骤 4 选中"大照片1"图层的第8帧，选择"窗口 > 动作"命令，弹出"动作"面板（其快捷键为F9）。在面板中单击"将新项目添加到脚本中"按钮，在弹出的菜单中选择"全局函数 > 时间轴控制 > stop"命令，如图5-41所示。在"脚本窗口"中显示出选择的脚本语言，图5-42所示。设置好动作脚本后，在"大照片1"图层的第8帧上显示出标记"a"。

步骤 5 选中舞台窗口中的"大照片1"实例，在"动作"面板中单击"将新项目添加到脚本中"按钮，在弹出的菜单中选择"全局函数 > 影片剪辑控制 > on"命令，如图5-43所示。在"脚本窗口"中显示出选择的脚本语言，在下拉列表中选择"press"命令，如图5-44所示。

步骤 6 脚本语言如图5-45所示。将鼠标指针放置在第1行脚本语言的最后，按Enter键光标显示到第2行，如图5-46所示。

步骤 7 单击"将新项目添加到脚本中"按钮，在弹出的菜单中选择"全局函数 > 时间轴控制 > gotoAndPlay"命令，在"脚本窗口"中显示出选择的脚本语言，在第 2 行脚本语言"gotoAndPlay ( )"后面的括号中输入数字 9，如图 5-47 所示。（脚本语言表示：当用鼠标单击"大照片 1"实例时，跳转到第 9 帧并开始播放第 9 帧中的动画。）

图 5-41

图 5-42

图 5-43

图 5-44

图 5-45　　　　　　图 5-46　　　　　　图 5-47

步骤 8 在"时间轴"面板中创建新图层并将其命名为"大照片 2"。选中"大照片 2"图层的第 16 帧和第 31 帧，按 F6 键在选中的帧上插入关键帧，如图 5-48 所示。选中第 16 帧，将"库"面板中的按钮元件"大照片 2"拖曳到舞台窗口中。

步骤 9 选中实例"大照片 2"，在"变形"面板中将"缩放宽度"选项设为 34.8，"缩放高度"选项也随之转换为 34.8，"旋转"选项设为 5，将实例缩小并旋转，在按钮"属性"面板中，将"X"选项设为 375.3,"Y"选项设为 106.1。将实例放置在背景图的右侧,效果如图 5-49 所示。选中"大照片 2"图层的第 22 帧和第 30 帧,按 F6 键在选中的帧上插入关键帧,如图 5-50 所示。

图 5-48	图 5-49	图 5-50

步骤 10 选中第 22 帧,选中舞台窗口中的"大照片 2"实例,在"变形"面板中将"缩放宽度"和"缩放高度"选项分别设为 100,"旋转"选项设为 0,实例扩大,将实例放置在舞台窗口的左侧,效果如图 5-51 所示。选中第 23 帧,按 F6 键,在该帧上插入关键帧。用鼠标右键分别单击第 16 帧和第 23 帧,在弹出的菜单中选择"创建传统补间"命令,创建传统补间动画。

步骤 11 选中"大照片 2"图层的第 22 帧,按照步骤 4 的方法,在第 22 帧上添加动作脚本,该帧上显示出标记"a",如图 5-52 所示。选中舞台窗口中的"大照片 2"实例,按照步骤 5~ 步骤 7 的方法,在"大照片 2"实例上添加动作脚本,并在脚本语言"gotoAndPlay()"后面的括号中输入数字 23,如图 5-53 所示。

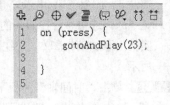

图 5-51	图 5-52	图 5-53

步骤 12 单击"时间轴"面板下方的"新建图层"按钮，创建新图层并将其命名为"大照片 3"。选中"大照片 3"图层的第 31 帧和第 47 帧,按 F6 键在选中的帧上插入关键帧,如图 5-54 所示。选中第 31 帧,将"库"面板中的按钮元件"大照片 3"拖曳到舞台窗口中。

步骤 13 选中实例"大照片 3",在"变形"面板中将"缩放宽度"选项设为 34.8,"缩放高度"选项也随之转换为 34.8,"旋转"选项设为 -9,如图 5-55 所示,将实例缩小。在按钮"属性"面板中,将"X"选项设为 328.2,"Y"选项设为 180.1,将实例放置在背景图的右侧,效果如图 5-56 所示。选中"大照片 3"图层的第 38 帧和第 46 帧,按 F6 键在选中的帧上插入关键帧。

图 5-54

图 5-55

图 5-56

步骤 14 选中第 38 帧，选中舞台窗口中的"大照片 3"实例，在"变形"面板中将"缩放宽度"和"缩放高度"选项分别设为 100，"旋转"选项设为 0，如图 5-57 所示，实例扩大。将实例放置在舞台窗口的左侧，效果如图 5-58 所示。

图 5-57

图 5-58

步骤 15 选中第 39 帧，按 F6 键在该帧上插入关键帧。用鼠标右键分别单击第 31 帧和第 39 帧，在弹出的菜单中选择"创建传统补间"命令，生成传统补间动画，如图 5-59 所示。选中"大照片 3"图层的第 38 帧，按照步骤 4 的方法，在第 38 帧上添加动作脚本，该帧上显示出标记"a"。选中舞台窗口中的"大照片 3"实例，按照步骤 5～步骤 7 的方法，在"大照片 3"实例上添加动作脚本，并在脚本语言"gotoAndPlay ( )"后面的括号中输入数字 39，如图 5-60 所示。

步骤 16 单击"时间轴"面板下方的"新建图层"按钮，创建新图层并将其命名为"大照片 4"。选中"大照片 4"图层的第 47 帧和第 63 帧，按 F6 键在选中的帧上插入关键帧，如图 5-61 所示。选中第 47 帧，将"库"面板中的按钮元件"大照片 4"拖曳到舞台窗口中。

图 5-59

```
1  on (press) {
2      gotoAndPlay(39);
3
4  }
5
```

图 5-60

图 5-61

步骤 17 选中实例"大照片 4"，在"变形"面板中将"缩放宽度"选项设为 34.8，"缩放高度"选项也随之转换为 34.8，将"旋转"选项设为 3，如图 5-62 所示。将实例缩小并旋转，在按钮"属性"面板中,将"X"选项设为 371.8,"Y"选项设为 219.6,将实例放置在背景图的右下方,如图 5-63 所示。选中"大照片 4"图层的第 54 帧和第 62 帧,按 F6 键在选中的帧上插入关键帧。

步骤 18 选中第 54 帧,选中舞台窗口中的"大照片 4"实例,在"变形"面板中将"缩放宽度"和"缩放高度"选项分别设为 100,"旋转"选项设为 0,实例扩大。将实例放置在舞台窗口的左侧,效果如图 5-64 所示。选中第 55 帧,按 F6 键在该帧上插入关键帧。

图 5-62

图 5-63

图 5-64

步骤 19 分别用鼠标右键单击第 47 帧和第 55 帧,在弹出的菜单中选择"创建传统补间"命令,生成传统补间动画,如图 5-65 所示。选中"大照片 4"图层的第 54 帧,按照步骤 4 的方法,在第 54 帧上添加动作脚本,该帧上显示出标记"a"。选中舞台窗口中的"大照片 4"实例,按照步骤 5~步骤 7 的方法,在"大照片 4"实例上添加动作脚本,并在脚本语言"gotoAndPlay ( )"后面的括号中输入数字 55,如图 5-66 所示。

图 5-65

```
1   on (press) {
2       gotoAndPlay(55);
3
4   }
5
```

图 5-66

步骤 20 单击"时间轴"面板下方的"新建图层"按钮 ,创建新图层并将其命名为"大照片 5",如图 5-67 所示。选中"大照片 5"图层的第 63 帧,按 F6 键在该帧上插入关键帧,如图 5-68 所示。将"库"面板中的按钮元件"大照片 5"拖曳到舞台窗口中。

图 5-67

图 5-68

步骤 21 选中实例"大照片 5",在"变形"面板中将"缩放宽度"选项设为 34.8,"缩放高度"选项也随之转换为 34.8,"旋转"选项设为 −5.1,将实例缩小并旋转。在按钮"属性"面板中,将"X"选项设为 329,"Y"选项设为 290.5,将实例放置在背景图的右下方,效果如图

5-69 所示。

步骤 22 选中"大照片 5"图层的第 70 帧和第 78 帧，按 F6 键在选中的帧上插入关键帧。选中第 70 帧，选中舞台窗口中的"大照片 5"实例，在"变形"面板中将"缩放宽度"和"缩放高度"选项分别设为 100，"旋转"选项设为 0，如图 5-70 所示。实例扩大，将实例放置在舞台窗口的左侧，效果如图 5-71 所示。选中第 71 帧，按 F6 键在该帧上插入关键帧。

图 5-69   图 5-70   图 5-71

步骤 23 分别用鼠标右键单击"照片 5"图层的第 63 帧和第 71 帧，在弹出的菜单中选择"创建传统补间"命令，生成传统补间动画，如图 5-72 所示。选中"大照片 5"图层的第 70 帧，按照步骤 4 的方法，在第 70 帧上添加动作脚本，该帧上显示出标记"a"。选中舞台窗口中的"大照片 5"实例，按照步骤 5～步骤 7 的方法，在"大照片 5"实例上添加动作脚本，并在脚本语言"gotoAndPlay ( )"后面的括号中输入数字 71，如图 5-73 所示。

图 5-72   图 5-73

步骤 24 单击"时间轴"面板下方的"新建图层"按钮，创建新图层并将其命名为"文字"。分别选中"文字"图层的第 8 帧、第 9 帧、第 22 帧、第 23 帧、第 38 帧、第 39 帧、第 54 帧、第 55 帧、第 70 帧和第 71 帧，按 F6 键插入关键帧，如图 5-74 所示。

图 5-74

步骤 25 选中"文字"图层的第 8 帧，选择"文本"工具，在文本工具"属性"面板中进行设置，在舞台窗口中适当的位置输入大小为 18，字体为"方正兰亭特黑扁简体"的白色文字，文字效果如图 5-75 所示。再次在舞台窗口中输入大小为 12，字体为"方正兰亭黑简体"的白色文字，文字效果如图 5-76 所示。

步骤 26 用相同的方法分别在 "文字" 图层的第 22 帧、第 38 帧、第 54 帧和第 70 帧的舞台窗口中输入文字,分别如图 5-77、图 5-78、图 5-79 和图 5-80 所示。

| 图 5-75 | 图 5-76 | 图 5-77 |
| 图 5-78 | 图 5-79 | 图 5-80 |

5. 添加动作脚本

步骤 1 单击 "时间轴" 面板下方的 "新建图层" 按钮,创建新图层并将其命名为 "动作脚本 1"。选中 "动作脚本 1" 图层的第 2 帧,按 F6 键在该帧上插入关键帧,如图 5-81 所示。选中第 1 帧,在 "动作" 面板中单击 "将新项目添加到脚本中" 按钮,在弹出的菜单中选择 "全局函数 > 时间轴控制 > stop" 命令,在 "脚本窗口" 中显示出选择的脚本语言,如图 5-82 所示。设置好动作脚本后,在图层 "动作脚本 1" 的第 1 帧上显示出一个标记 "a"。

图 5-81   图 5-82

步骤 2 单击 "时间轴" 面板下方的 "新建图层" 按钮,创建新图层并将其命名为 "动作脚本 2"。选中 "动作脚本 2" 图层的第 15 帧,按 F6 键在该帧上插入关键帧。选中第 15 帧,在 "动作" 面板中单击 "将新项目添加到脚本中" 按钮,在弹出的菜单中选择 "全局函数 > 时间轴控制 > gotoAndStop" 命令,如图 5-83 所示。在 "脚本窗口" 中显示出选择的脚本语言,在脚本语言 "gotoAndStop ( )" 后面的括号中输入数字 1,如图 5-84 所示。(脚本语言表示:动画跳转到第 1 帧并停留在第 1 帧。)

步骤 3 用鼠标右键单击 "动作脚本 2" 图层的第 15 帧,在弹出的菜单中选择 "复制帧" 命令。

用鼠标右键分别单击"动作脚本 2"图层的第 30 帧、第 46 帧、第 62 帧、第 78 帧，在弹出的菜单中选择"粘贴帧"命令，如图 5-85 所示。

步骤 4 选中"小照片"图层的第 1 帧，在舞台窗口中选中实例"小照片 1"，在"动作"面板中单击"将新项目添加到脚本中"按钮 ，在弹出的菜单中选择"全局函数 > 影片剪辑控制 > on"命令，在"脚本窗口"中显示出选择的脚本语言，在下拉列表中选择"press"命令，如图 5-86 所示。将鼠标光标放置在第 1 行脚本语言的最后，按 Enter 键光标显示到第下一行。

图 5-83 图 5-84

图 5-85 图 5-86

步骤 5 单击"将新项目添加到脚本中"按钮 ，在弹出的菜单中选择"全局函数 > 时间轴控制 > gotoAndPlay"命令，如图 5-87 所示。在"脚本窗口"中显示出选择的脚本语言，在第 2 行脚本语言"gotoAndPlay ( )"后面的括号中输入数字 2，如图 5-88 所示。（脚本语言表示：当用鼠标单击"小照片 1"实例时，跳转到第 2 帧并开始播放第 2 帧中的动画。）

步骤 6 选中"脚本窗口"中的脚本语言，复制脚本语言。选中舞台窗口中的实例"小照片 2"，在"动作"面板的"脚本窗口"中单击鼠标，出现闪动的光标，将复制过的脚本语言粘贴到"脚本窗口"中。在第 2 行脚本语言"gotoAndPlay ( )"后面的括号中重新输入数字 16，如图 5-89 所示。

步骤 7 选中舞台窗口中的实例"小照片 3"，在"动作"面板的"脚本窗口"中单击鼠标，出现闪动的光标，按 Ctrl+V 组合键，将步骤 6 中复制过的脚本语言粘贴到"脚本窗口"中。在第 2 行脚本语言"gotoAndPlay ( )"后面的括号中重新输入数字 31，如图 5-90 所示。

步骤 8 选中舞台窗口中的实例"小照片 4"，在"动作"面板的"脚本窗口"中单击鼠标，出现闪动的光标，按 Ctrl+V 组合键，将步骤 6 中复制过的脚本语言粘贴到"脚本窗口"中。在第 2 行脚本语言"gotoAndPlay ( )"后面的括号中重新输入数字 47，如图 5-91 所示。

图 5-87　　　　　　　　　　　　　　　　　　　　图 5-88

图 5-89　　　　　　　图 5-90　　　　　　　图 5-91

步骤 9 选中舞台窗口中的实例"小照片 5"，在"动作"面板的"脚本窗口"中单击鼠标，出现闪动的光标，按 Ctrl+V 组合键，将步骤 6 中复制过的脚本语言粘贴到"脚本窗口"中。在第 2 行脚本语言"gotoAndPlay ( )"后面的括号中重新输入数字 63，如图 5-92 所示。温馨生活照片效果制作完成，按 Ctrl+Enter 组合键即可查看效果，如图 5-93 所示。

图 5-92　　　　　　　　　　图 5-93

5.1.4 【相关工具】

1. "动作"面板

在"动作"面板中既可以选择 ActionScript 3.0 脚本语言，也可以选择 ActionScript 1.0&2.0 脚本语言。选择"窗口 > 动作"命令，弹出"动作"面板，左上方为"动作工具箱"，左下方为"对象窗口"，右上方为功能按钮，右下方为"脚本窗口"，如图 5-94 所示。

"动作工具箱"中显示了包含语句、函数、操作符等各种类别的文件夹。单击文件夹即可显示

中等职业教育数字艺术类规划教材

出动作语句，双击动作语句可以将其添加到"脚本窗口"中，如图 5-95 所示。

图 5-94　　　　　　　　　　图 5-95

也可单击"动作"面板右上方的"将新项目添加到脚本中"按钮 🕂，在弹出的菜单中选择动作语句添加到"脚本窗口"中，如图 5-96 所示。还可以在"脚本窗口"中直接编写动作语句。

图 5-96

在面板左上方有多个功能按钮，分别为"将新项目添加到脚本中"按钮 🕂、"查找"按钮 🔎、"插入目标路径"按钮 ⊕、"语法检查"按钮 ✔、"自动套用格式"按钮 ▤、"显示代码提示"按钮 🗔、"调试选项"按钮 🐞、"折叠成对大括号"按钮 ⊞、"折叠所选"按钮 ⊟、"展开全部"按钮 ✳、"应用块注释"按钮 💬、"应用行注释"按钮 💬、"删除注释"按钮 💬 和"显示/隐藏工具箱"按钮 ⊞，如图 5-97 所示。

图 5-97

如果当前选择的是帧，那么在"动作"面板中设置的是该帧的动作语句；如果当前选择的是一个对象，那么在"动作"面板中设置的是该对象的动作语句。

可以在"首选参数"对话框中设置"动作"面板的默认编辑模式。选择"编辑 > 首选参数"命令，弹出"首选参数"对话框，在对话框中选择"ActionScript"类别，如图 5-98 所示。

在"语法颜色"选项组中，不同的颜色用于表示不同的动作脚本语句，这样可以减少脚本中的语法错误。

图 5-98

2. 数据类型

数据类型描述了动作脚本的变量或元素可以包含信息的种类。动作脚本有两种数据类型，分别为原始数据类型和引用数据类型。原始数据类型是指 String（字符串）、Number（数字）和 Boolean（布尔值），它们拥有固定类型的值，因此可以包含它们所代表元素的实际值。引用数据类型是指影片剪辑和对象，它们值的类型是不固定的，因此它们包含对该元素实际值的引用。

下面介绍各种数据类型。

（1）String（字符串）：字符串是诸如字母、数字、标点符号等字符的序列，字符串必须用一对双引号标记，字符串被当做字符而不是变量进行处理。

例如，在下面的语句中，"L7" 是一个字符串。

favoriteBand = "L7";

（2）Number（数字型）：数字的算术值，要进行正确数学运算的值必须是数字数据类型。可以使用算术运算符加（+）、减（-）、乘（*）、除（/）、求模（%）、递增（+|+）和递减（-|-）来处理数字，也可使用内置的 Math 对象的方法处理数字。

例如，使用 sqrt()（平方根）方法返回数字 100 的平方根。

Math.sqrt(100);

（3）Boolean（布尔型）：值为 true 或 false 的变量被称为布尔型变量，动作脚本也会在需要时将值 true 和 false 转换为 1 和 0。在确定"是/否"的情况下，布尔型变量是非常有用的。布尔型变量在进行比较以控制脚本流的动作脚本语句中经常与逻辑运算符一起使用。

例如，在下面的脚本中如果变量 password 为 true，则会播放该 SWF 文件。

```
onClipEvent (enterFrame) {
    if (userName == true && password == true){
        play();
    }
}
```

（4） Movie Clip（影片剪辑型）：Flash 影片中可以播放动画的元件，它们是唯一引用图形元素的数据类型。Flash 中的每个影片剪辑都是一个 Movie Clip 对象，它们拥有 Movie Clip 对象中定义的方法和属性。通过点（.）运算符可以调用影片剪辑内部的属性和方法。

例如：

my_mc.startDrag(true);

parent_mc.getURL("http://www.macromedia.com/support/" + product);

（5） Object（对象型）：所有使用动作脚本创建的基于对象的代码。对象是属性的集合，每个属性都拥有自己的名称和值，属性的值可以是任何的 Flash 数据类型，甚至可以是对象数据类型。通过点（.）运算符可以引用对象中的属性。

例如，在下面的代码中，hoursWorked 是 weeklyStats 的属性，而 weeklyStats 是 employee 的属性。

employee.weeklyStats.hoursWorked

（6） Null（空值）：空值数据类型只有一个值，即 Null，这意味着没有值，即缺少数据。Null 可以用在各种情况中，如作为函数的返回值，表明函数没有可以返回的值，表明变量还没有接收到值以及表明变量不再包含值等。

（7） Undefined（未定义）：未定义的数据类型只有一个值，即 Undefined，用于尚未分配值的变量。如果一个函数引用了未在其他地方定义的变量，那么 Flash 将返回未定义数据类型。

3. 语法规则

动作脚本拥有自己的一套语法规则和标点符号，下面将进行介绍相关内容。

（1）点运算符。在动作脚本中，点（.）用于表示与对象或影片剪辑相关联的属性或方法，也可用于标识影片剪辑或变量的目标路径。点（.）运算符表达式以影片或对象的名称开始，中间为点（.）运算符，最后是要指定的元素。

例如，_x 影片剪辑属性指示影片剪辑在舞台上的 x 轴位置，表达式 ballMC._x 引用影片剪辑实例 ballMC 的_x 属性。

再如，ubmit 是 form 影片剪辑中设置的变量，此影片剪辑嵌在影片剪辑 shoppingCart 之中。表达式 shoppingCart.form.submit = true 将实例 form 的 submit 变量设置为 true。

无论是表达对象的方法还是影片剪辑的方法，均遵循同样的模式。例如，ball_mc 影片剪辑实例的 play() 方法在 ball_mc 的时间轴中移动播放头，可以用下面的语句表示。

ball_mc.play();

点语法还使用两个特殊别名，即_root 和_parent。别名_root 是指主时间轴，可以使用_root 别名创建一个绝对目标路径。例如，下面的语句调用主时间轴上影片剪辑 functions 中的函数 buildGameBoard()。

_root.functions.buildGameBoard();

可以使用别名_parent 引用当前对象嵌入到的影片剪辑，也可使用_parent 创建相对目标路径。例如，如果影片剪辑 dog_mc 嵌入影片剪辑 animal_mc 的内部，则实例 dog_mc 的如下语句会指示 animal_mc 停止。

_parent.stop();

（2）界定符。

大括号：动作脚本中的语句可被大括号包括起来组成语句块。例如，

```
// 事件处理函数
on (release) {
    myDate = new Date();
    currentMonth = myDate.getMonth();
}


on(release)
{
    myDate = new Date();
    currentMonth = myDate.getMonth();
}
```

分号：动作脚本中的语句可以由一个分号结尾。如果在结尾处省略分号，Flash 仍然可以成功编译脚本。例如：

```
var column = passedDate.getDay();
var row = 0;
```

圆括号：在定义函数时，任何参数定义都必须放在一对圆括号内。例如：

```
function myFunction (name, age, reader){
}
```

调用函数时，需要被传递的参数也必须放在一对圆括号内。例如：

```
myFunction ("Steve", 10, true);
```

可以使用圆括号改变动作脚本的优先顺序或增强程序的可读性。

（3）区分大小写。在区分大小写的编程语言中，仅大小写不同的变量名（如 book 和 Book）被视为互不相同。Action Script 2.0 中的标识符区分大小写，例如，下面两条动作语句是不同的。

```
cat.hilite = true;
CAT.hilite = true;
```

对于关键字、类名、变量、方法名等要严格区分大小写。如果关键字大小写出现错误，在编写程序时就会有错误信息提示。如果采用了彩色语法模式，那么正确的关键字将以深蓝色显示。

（4）注释。在"动作"面板中，使用注释语句可以在一个帧或者按钮的脚本中添加说明，有利于增加程序的可读性。注释语句以双斜线（//）开始，斜线显示为灰色，注释内容可以不考虑长度和语法，注释语句不会影响 Flash 动画输出时的文件量。例如：

```
on (release) {
    // 创建新的 Date 对象
    myDate = new Date();
    currentMonth = myDate.getMonth();
    // 将月份数转换为月份名称
    monthName = calcMonth(currentMonth);
    year = myDate.getFullYear();
    currentDate = myDate.getDate();
}
```

（5）关键字。动作脚本保留一些单词用于该语言总的特定用途，因此不能将它们用作变量、函数或标签的名称。如果在编写程序的过程中使用了关键字，动作编辑框中的关键字会以蓝色显示。为了避免冲突，在命名时可以展开动作工具箱中的 Index 域，检查是否使用了已定义的名字。

（6）常量。常量中的值永远不会改变，所有的常量都可以在"动作"面板的工具箱和动作脚本字典中找到。

例如，常数 BACKSPACE、ENTER、QUOTE、RETURN、SPACE 和 TAB 是 Key 对象的属性，指代键盘的按键。若要测试是否按了 Enter 键，可以使用下面的语句：

```
if(Key.getCode() == Key.ENTER) {
    alert = "Are you ready to play?";
    controlMC.gotoAndStop(5);
}
```

4．变量

变量是包含信息的容器，容器本身不会改变，但内容可以更改。当第一次定义变量时，最好为变量定义一个已知值，这就是初始化变量，通常在 SWF 文件的第 1 帧中完成。每一个影片剪辑对象都有自己的变量，而且不同的影片剪辑对象中的变量相互独立且互不影响。

变量中可以存储的常见信息类型包括 URL、用户名、数字运算的结果和事件发生的次数等。为变量命名必须遵循以下规则。

（1）变量名在其作用范围内必须是唯一的。

（2）变量名不能是关键字或布尔值（true 或 false）。

（3）变量名必须以字母或下画线开始，由字母、数字和下划线组成，其间不能包含空格，且变量名没有大小写的区别。

变量的范围是指变量在其中已知并且可以引用的区域，它包含以下 3 种类型。

（1）本地变量：在声明它们的函数体（由大括号决定）内可用。本地变量的使用范围只限于它的代码块，会在该代码块结束时到期，其余的本地变量会在脚本结束时到期。若要声明本地变量，可以在函数体内部使用 var 语句。

（2）时间轴变量：可用于时间轴上的任意脚本。要声明时间轴变量，应在时间轴的所有帧上都初始化这些变量。应先初始化变量，然后尝试在脚本中访问它。

（3）全局变量：对于文档中的每个时间轴和范围均可见。如果要创建全局变量，可以在变量名称前使用_global 标识符，不使用 var 语法。

5．函数

函数是用来对常量、变量等进行某种运算的方法，如产生随机数、进行数值运算、获取对象属性等。函数是一个动作脚本代码块，它可以在影片中的任何位置上重新使用。如果将值作为参数传递给函数，则函数将对这些值进行操作。函数也可以返回值。

调用函数可以用一行代码来代替一个可执行的代码块。函数可以执行多个动作，并为它们传递可选项。函数必须要有唯一的名称，以便在代码行中可以知道访问的是哪一个函数。

Flash CS4 具有内置的函数，可以访问特定的信息或执行特定的任务。例如，获得 Flash 播放器的版本号。属于对象的函数叫做方法，不属于对象的函数叫做顶级函数，可以在"动作"面板的"函数"类别中找到。

每个函数都具备自己的特性，而且某些函数需要传递特定的值。如果传递的参数多于函数的需要，多余的值将被忽略。如果传递的参数少于函数的需要，空的参数会被指定为 Undefined 数据类型，这在导出脚本时可能会导致出现错误。如果要调用函数，该函数必须在播放头到达的帧中。

　　动作脚本提供了自定义函数的方法，用户可以自行定义参数，并返回结果。当在主时间轴上或影片剪辑时间轴的关键帧中添加函数时，就是在定义函数。所有的函数都有目标路径。所有的函数需要在名称后跟一对括号，但括号中是否有参数是可选的。一旦定义了函数，就可以从任何一个时间轴中调用它，包括加载的 SWF 文件的时间轴。

6. 表达式和运算符

　　表达式是由常量、变量、函数和运算符按照运算法则组成的计算式。运算符是可以提供对数值、字符串、逻辑值进行运算的关系符号。运算符有很多种，包括数值运算符、字符串运算符、比较运算符、逻辑运算符、位运算符、赋值运算符等。

　　（1）算术运算符及表达式：算术表达式是数值进行运算的表达式，它由数值、以数值为结果的函数和算术运算符组成，运算结果是数值或逻辑值。

　　在 Flash CS4 中可以使用的算术运算符如下。

　　＋、－、＊、/：执行加、减、乘、除运算。

　　＝、<>：比较两个数值是否相等、不相等。

　　<、<=、>、>=：比较运算符前面的数值是否小于、小于等于、大于、大于等于后面的数值。

　　（2）字符串表达式：字符串表达式是对字符串进行运算的表达式，它由字符串、以字符串为结果的函数和字符串运算符组成，运算结果是字符串或逻辑值。

　　在 Flash CS4 中可以参与字符串表达式的运算符如下。

　　&：连接运算符两边的字符串。

　　Eq、Ne：判断运算符两边的字符串是否相等或不相等。

　　Lt、Le、Qt、Qe：判断运算符左边字符串的 ASCII 是否小于、小于等于、大于、大于等于右边字符串的 ASCII。

　　（3）逻辑表达式：逻辑表达式是对正确、错误结果进行判断的表达式，它由逻辑值、以逻辑值为结果的函数、以逻辑值为结果的算术或字符串表达式和逻辑运算符组成，运算结果是逻辑值。

　　（4）位运算符：位运算符用于处理浮点数。运算时先将操作数转换为 32 位的二进制数，然后对每个操作数分别按位进行运算，运算后再将二进制的结果按照 Flash 的数值类型返回运算结果。

　　动作脚本的位运算符包括&（位与）、/（位或）、^（位异或）、～（位非）、<<（左移位）、>>（右移位）、>>>（填 0 右移位）等。

　　（5）赋值运算符：赋值运算符的作用是为变量、数组元素或对象的属性赋值。

5.1.5　【实战演练】制作收藏礼物相册

　　使用矩形工具、椭圆工具和线条工具制作按钮菜单，使用文本工具添加数字，使用"关键帧"命令制作逐帧动画，使用"动作"面板设置脚本语言来控制动画播放。（最终效果参看光盘中的"Ch05 > 效果 > 制作收藏礼物相册"，见图 5-99。）

图 5-99

5.2 制作浏览婚礼照片

5.2.1 【案例分析】

每对新人在举行婚礼前，都要拍摄浪漫的婚纱照片，还特别希望将拍摄好的婚纱照片制作成电子相册，在婚礼的现场播放，因此浪漫婚纱相册需要制造出浪漫温馨的气氛。

5.2.2 【设计理念】

在设计制作过程中，要挑选最有代表性的婚纱照片，根据照片的场景和颜色来设计摆放的顺序。选择最有意境的照片作为背景图。通过动画来表现出照片在浏览时的视觉效果。通过色彩烘托出婚礼的喜庆和浪漫。（最终效果参看光盘中的"Ch05 > 效果 > 制作浏览婚礼照片"，见图 5-100。）

图 5-100

5.2.3 【操作步骤】

1. 导入图片

步骤 1 选择"文件 > 新建"命令，在弹出的"新建文档"对话框中选择"Flash 文件"选项，单击"确定"按钮，进入新建文档舞台窗口。按 Ctrl+F3 组合键，弹出文档"属性"面板，单击面板中的"编辑"按钮 编辑... ，弹出"文档属性"对话框，将"宽度"选项设为 800，"高度"选项设为 569，"背景颜色"设为灰色（#999999），单击"确定"按钮，改变舞台窗口的大小。

步骤 2 单击"配置文件"选项右侧的"编辑"按钮 编辑... ，在弹出的"发布设置"对话框中将"播放器"选项设为"Flash Player 10"，将"脚本"选项设为"ActionScript 2.0"，如图 5-101所示，单击"确定"按钮。

步骤 3 选择"文件 > 导入 > 导入到库"命令，在弹出的"导入到库"对话框中选择"Ch05> 素材 > 浏览婚礼照片 >01、02、03、04、05、06、07"文件，单击"打开"按钮，文件被导入到"库"面板中，如图 5-102 所示。

步骤 4 在"库"面板下方单击"新建元件"按钮，弹出"创建新元件"对话框，在"名称"

选项的文本框中输入"照片",在"类型"选项的下拉列表中选择"图形"选项,单击"确定"按钮,新建图形元件"照片",如图 5-103 所示。舞台窗口也随之转换为图形元件的舞台窗口。

图 5-101　　　　　　　　图 5-102　　　　　图 5-103

步骤 5 分别将"库"面板中的位图"02"、"03"、"04"、"05"、"06"、"07"拖曳到舞台窗口中,并放置到同一高度。选择位图"属性"面板,将所有照片的"Y"选项设为-60,"X"选项保持不变。选择"选择"工具 ,按住 Shift 键的同时选中所有照片,选择"修改 > 对齐 > 按宽度均匀分布"命令,效果如图 5-104 所示。

图 5-104

2. 绘制按钮图形

步骤 1 在"库"面板下方单击"新建元件"按钮 ,弹出"创建新元件"对话框,在"名称"选项的文本框中输入"开始按钮",在"类型"选项的下拉列表中选择"按钮"选项,单击"确定"按钮,新建一个按钮元件"开始按钮",如图 5-105 所示。舞台窗口也随之转换为按钮元件的舞台窗口。

步骤 2 选择"椭圆"工具 ,在工具箱中将"笔触颜色"设为无,"填充颜色"设为白色。按住 Shfit 键的同时在舞台窗口中绘制 1 圆形,如图 5-106 所示。选择"窗口 > 颜色"命令,弹出"颜色"面板,在"类型"选项的下拉列表中选择"线性",在色带上将左边的颜色控制点设为深红色(#BF0000),将右边的颜色控制点设为浅红色

图 5-105　　　　　图 5-106

(#F26D6D),生成渐变色,如图 5-107 所示。选择"颜料桶"工具 ,在白色圆形上单击,填充渐变色,效果如图 5-108 所示。

步骤 3 用相同的方法再绘制一个圆形，并将其填充为相同的渐变色。选择"选择"工具 ，在舞台窗口中选中圆形，选择"修改 > 变形 > 垂直翻转"命令，将其垂直翻转，效果如图5-109 所示。

步骤 4 单击"时间轴"面板下方的"新建图层"按钮 ，新建"图层2"。选择"钢笔"工具 ，绘制一个圆角三角形，将其填充为深红色（#8F0000），并删除边线，效果如图5-110 所示。

图 5-107

图 5-108

图 5-109

图 5-110

步骤 5 选择"选择"工具 ，选择圆角三角形，按住 Alt 键的同时拖曳鼠标到适当的位置复制图形，如图 5-111 所示。选择"窗口 > 颜色"命令，弹出"颜色"面板，在"类型"选项的下拉列表中选择"放射状"，在色带上设置 3 个控制点，在色带上将左边的颜色控制点和中间的颜色控制点设为白色，将右边的颜色控制点设为浅灰色（#E0E0E0），生成渐变色如图 5-112 所示，效果如图 5-113 所示。

图 5-111

图 5-1112

图 5-113

3. 制作图片的浏览效果

步骤 1 单击舞台窗口左上方的"场景1"图标 场景1 ，进入"场景1"的舞台窗口。将"图层1"重新命名为"底图"。将"库"面板中的位图"01"拖曳到舞台窗口中，效果如图 5-114 所示。选中"底图"图层的第 190 帧，按 F5 键在该帧上插入普通帧。

步骤 2 单击"时间轴"面板下方的"新建图层"按钮 ，创建新图层并将其命名为"按钮"。选中"按钮"图层的第 2 帧，按 F6 键在该帧上插入关键帧。选中"按钮"图层的第 1 帧，将"库"面板中的按钮元件"开始按钮"拖曳到舞台窗口的右下方，选择"任意变形"工具 ，调整大小并放置到合适的位置，效果如图 5-115 所示。

步骤 3 选择"文本"工具 ，在文本工具"属性"面板中进行设置，在舞台窗口中按钮图形的左侧输入大小为 15，字体为"方正粗倩简体"的深红色（#990000）文字，效果如图 5-116 所示。

图 5-104

图 5-115

图 5-116

步骤 4 选中"按钮"图层的第 1 帧，选择"窗口 > 动作"命令，弹出"动作"面板，单击面板左上方的"将新项目添加到脚本中"按钮 🔧，在弹出的菜单中选择"全局函数 > 时间轴控制 > stop"命令，在脚本窗口中显示出选择的脚本语言，如图 5-117 所示。在"按钮"图层的第 1 帧上显示出一个标记"a"。

图 5-117

步骤 5 选中"按钮"图层的第 1 帧，在舞台窗口中选中"按钮"实例，在"动作"面板中单击"将新项目添加到脚本中"按钮 🔧，在弹出的菜单中选择"全局函数 > 影片剪辑控制 > on"命令，如图 5-118 所示。在脚本窗口中显示出选择的脚本语言，在下拉列表中选择"release"，如图 5-119 所示。将光标放置在第 1 行脚本语言的最后，按 Enter 键光标显示到第 2 行，如图 5-120 所示。

图 5-118

图 5-119

图 5-120

步骤 6 再次单击"将新项目添加到脚本中"按钮 🔧，在弹出的菜单中选择"全局函数 > 时间轴控制 > gotoAndPlay"命令，如图 5-121 所示。在脚本窗口中显示出选择的脚本语言，如图 5-122 所示。在脚本语言后面的小括号中输入数字"2"，如图 5-123 所示。设置完成动作脚本后关闭"动作"面板。

步骤 7 在"时间轴"面板中创建新图层并将其命名为"照片"。选中"照片"图层的第 2 帧，按 F6 键在该帧上插入关键帧。将"库"面板中的图形元件"照片"拖曳到舞台窗口的左侧，如图 5-124 所示。

步骤 8 选中"照片"图层的第 190 帧，按 F6 键在该帧上插入关键帧。按住 Shift 键的同时将"照片"实例水平拖曳到舞台窗口的右侧，如图 5-125 所示。用鼠标右键单击"照片"图层的第 2 帧，在弹出的菜单中选择"创建传统补间"命令，生成传统补间动画，如图 5-126 所示。

图 5-121

图 5-122

图 5-123

图 5-124

图 5-125

图 5-126

提　示　脚本语言"release"（弹起）表示按钮被按下后，弹起时的动作，即鼠标被释放时的事件。脚本语言 on (release)、gotoAndPlay(2)表示当单击按钮后释放鼠标时，跳转到第 2 帧并开始播放动画。

步骤 9 在"时间轴"面板中创建新图层并将其命名为"遮罩"。选中"遮罩"图层的第 2 帧，按 F6 键在该帧上插入关键帧。选择"矩形"工具，在工具箱中将"笔触颜色"设为无，"填充颜色"设为灰色（#999999），在舞台窗口中绘制一个矩形。选中矩形，选择"任意变形"工具，将其调整到与"照片"实例等高，并放置到舞台窗口中的适当位置，效果如图 5-127 所示。

步骤 10 选择"选择"工具，按住 Shift+Alt 组合键的同时将矩形水平向左拖曳进行复制。用相同的方法再次向右拖曳矩形进行复制，效果如图 5-128 所示。

图 5-127

步骤 11 用鼠标右键单击"遮罩"图层的图层名称，在弹出的快捷菜单中选择"遮罩层"命令，将"遮罩"图层转换为遮罩层，如图 5-129 所示。

步骤 12 单击"遮罩"图层右侧的"锁定或解除锁定"图标，将"遮罩"图层解除锁定。在"时间轴"面板中创建新图层并将其命名为"边框"。选择"线条"工具，在线条工具"属性"面板中将"笔触颜色"设为深红色（#990000），"笔触"选项设为 5，其他选项的设置如图

5-130 所示。

图 5-128

图 5-129

图 5-130

步骤 13　按住 Shift 键的同时分别在舞台窗口中绘制一条垂直线段和一条水平线段，如图 5-131 所示。选择"选择"工具 ▶，选中水平线段，按住 Shift+Alt 组合键的同时向下拖曳线段，复制出一条新的水平线段，并将其放置到竖直线段的下端，效果如图 5-132 所示。选中"边框"图层，选中线段，按 Ctrl+G 组合键将其组合，效果如图 5-133 所示。将组合线段拖曳到与灰色矩形的右边框重合的位置，如图 5-134 所示。

图 5-131

图 5-132

图 5-133

图 5-134

步骤 14　选中组合线段，按住 Alt 键的同时将其向右拖曳进行复制，共复制 5 次。选中任意 3 个组合线段，选择"修改> 变形 > 水平翻转"命令，将其水平翻转。将组合线段分别放置到与舞台窗口中的灰色矩形边框重合的位置，效果如图 5-135 所示。重新锁定"遮罩"图层，舞台窗口中的效果如图 5-136 所示。

图 5-135

图 5-136

步骤 15　在"时间轴"面板中创建新图层并将其命名为"动作脚本"。选中"动作脚本"图层的第 1 帧，在"动作"面板中单击"将新项目添加到脚本中"按钮 ⊕，在弹出的菜单中选择"全局函数 > 时间轴控制 > stop"命令，在脚本窗口中显示出选择的脚本语言，如图 5-137

所示。设置完成动作脚本后，在"动作脚本"图层的第 1 帧上显示出标记"a"。浏览婚礼照片制作完成，按 Ctrl+Enter 组合键即可查看效果，如图 5-138 所示。

图 5-137

图 5-138

5.2.4 【相关工具】

1. "对齐"面板

选择"窗口 > 对齐"命令或按 Ctrl+K 组合键，弹出"对齐"面板，如图 5-139 所示。

◎ "对齐"选项组

"左对齐"按钮：设置选取对象左端对齐。

"水平中齐"按钮：设置选取对象沿垂直线居中对齐。

"右对齐"按钮：设置选取对象右端对齐。

"上对齐"按钮：设置选取对象上端对齐。

"垂直中齐"按钮：设置选取对象沿水平线居中对齐。

"底对齐"按钮：设置选取对象下端对齐。

图 5-139

◎ "分布"选项组

"顶部分布"按钮：设置选取对象在横向上上端间距相等。

"垂直居中分布"按钮：设置选取对象在横向上中心间距相等。

"底部分布"按钮：设置选取对象在横向上下端间距相等。

"左侧分布"按钮：设置选取对象在纵向上左端间距相等。

"水平居中分布"按钮：设置选取对象在纵向上中心间距相等。

"右侧分布"按钮：设置选取对象在纵向上右端间距相等。

◎ "匹配大小"选项组

"匹配宽度"按钮：设置选取对象在水平方向上等尺寸变形（以所选对象中宽度最大的为基准）。

"匹配高度"按钮：设置选取对象在垂直方向上等尺寸变形（以所选对象中高度最大的为基准）。

"匹配宽和高"按钮：设置选取对象在水平方向和垂直方向同时进行等尺寸变形（同时以所选对象中宽度和高度最大的为基准）。

◎ "间隔"选项组

"垂直平均间隔"按钮：设置选取对象在纵向上间距相等。

"水平平均间隔"按钮：设置选取对象在横向上间距相等。

◎ "相对于舞台"选项

"相对于舞台"按钮□：单击此按钮后，上述设置的操作都是以整个舞台窗口的宽度或高度为基准。

选中要对齐的图形，如图 5-140 所示。单击"上对齐"按钮，图形上端对齐，如图 5-141 所示。

图 5-140 图 5-141

选中要分布的图形，如图 5-142 所示。单击"水平居中分布"按钮，图形在纵向上中心间距相等，如图 5-143 所示。

图 5-142 图 5-143

选中要匹配大小的图形，如图 5-144 所示。单击"匹配高度"按钮，图形在垂直方向上等尺寸变形，如图 5-145 所示。

图 5-144 图 5-145

单击"对齐"面板中的"相对于舞台"按钮□前、后，应用同一个命令所产生的效果不同。选中图形，如图 5-146 所示。单击"左侧分布"按钮，效果如图 5-147 所示。单击"相对于舞台"按钮□后，单击"左侧分布"按钮，效果如图 5-148 所示。

图 5-146 图 5-147 图 5-148

中等职业教育数字艺术类规划教材

2. 翻转对象

选中图形，如图 5-149 所示，选择"修改 > 变形"子菜单中的"垂直翻转"和"水平翻转"命令，可以将图形进行翻转，效果如图 5-150 和图 5-151 所示。

图 5-149

图 5-150

图 5-151

3. 遮罩层

◎ 创建遮罩层

要创建遮罩动画，首先要创建遮罩层。在"时间轴"面板中，用鼠标右键单击要转换遮罩层的图层，在弹出的菜单中选择"遮罩层"命令，如图 5-153 所示。选中的图层转换为遮罩层，其下方的图层自动转换为被遮罩层，并且它们都自动被锁定，如图 5-153 所示。

图 5-152

图 5-153

提 示

如果想解除遮罩，只需单击"时间轴"面板上的遮罩层或被遮罩层上的图标将其解锁。遮罩层中的对象可以是图形、文字、元件的实例等，但不显示位图、渐变色、透明色和线条。一个遮罩层可作为多个图层的遮罩层，如果要将一个普通图层变为某个遮罩层的被遮罩层，只需将此图层拖曳至遮罩层下方即可。

◎ 将遮罩层转换为普通图层

在"时间轴"面板中，用鼠标右键单击要转换的遮罩层，在弹出的菜单中选择"遮罩层"命令，如图 5-154 所示，遮罩层转换为普通图层，如图 5-155 所示。

图 5-154

图 5-155

CHAPTER 5

4. 动态遮罩动画

步骤 1　新建空白文档，将"图层 1"重命名为"文字"，如图 5-156 所示。选择"文本"工具 **T**，在文本工具"属性"面板中进行设置，在舞台窗口中适当的位置输入大小为 61，字体为"方正粗倩简体"的深红色（#990000）文字，文字效果如图 5-157 所示。

图 5-156

动态遮罩效果

图 5-157

步骤 2　选中"文字"图层的第 25 帧，按 F5 键在选中的帧上插入普通帧，如图 5-158 所示。单击"时间轴"面板下方的"新建图层"按钮 ，创建新图层并将其命名为"动态遮罩"。选择"矩形"工具 ，在工具箱中将"笔触颜色"设为无，"填充颜色"设为黑色，在文字的左侧绘制 1 个矩形，如图 5-159 所示。

图 5-158

图 5-159

步骤 3　选中"动态遮罩"图层的第 25 帧，按 F6 键在选中的帧上插入关键帧，如图 5-160 所示。选择"任意变形"工具 ，矩形的周围出现控制点，如图 5-161 所示。选中矩形右侧中间的控制点向右拖曳到适当的位置，改变矩形的宽度，效果如图 5-162 所示。

图 5-160

图 5-161

图 5-162

步骤 4　用鼠标右键单击"动态遮罩"图层的第 1 帧，在弹出的菜单中选择"创建补间形状"命令，生成形状补间动画，如图 5-163 所示。

步骤 6　用鼠标右键单击"动态遮罩"图层，在弹出的菜单中选择"遮罩层"命令，"动态遮罩"图层被转换为遮罩层，"文字"图层自动被转换为被遮罩层。"时间轴"面板如图 5-164 所示。动态遮罩动画制作完成，按 Ctrl+Enter 组合键即可测试动画效果。

在不同的帧中，动画显示的效果如图 5-165 所示。

图 5-163

图 5-164

（a）第 1 帧　（b）第 5 帧　　（c）第 10 帧　　　（d）第 15 帧

（e）第 20 帧　　　　　　（f）第 25 帧

图 5-165

5. 播放和停止动画

控制动画的播放和停止所使用的动作脚本语言如下。

（1）on：事件处理函数，指定触发动作的鼠标事件或按键事件。

例如：

```
on (press) {

}
```

此处的 "press" 代表发生的事件，可以将 "press" 替换为任意一种对象事件。

（2）play：用于使动画从当前帧开始播放。

例如，

```
on (press) {
    play();
}
```

（3）stop：用于停止当前正在播放的动画，并使播放头停留在当前帧。

例如，

```
on (press) {
    stop();
}
```

选择"文件 > 打开"命令，弹出"打开"对话框，如图 5-166 所示。选择光盘中的"基础素材 > Ch05 > 上升的气球"文件，单击"打开"按钮，如图 5-167 所示。

图 5-166   图 5-167

单击"时间轴"面板下方的"新建图层"按钮，创建新图层并将其命名为"动作脚本"，如图 5-168 所示。选中"动作脚本"图层的第 1 帧，选择"窗口 > 动作"命令，弹出"动作"面板，在面板中单击"将新项目添加到脚本中"按钮，在弹出的菜单中选择"全局函数 > 时间轴控制 > stop"命令。在"脚本窗口"中显示出选择的脚本语言，如图 5-169 所示。设置好动作脚本后，关闭"动作"面板。在"动作脚本"图层的第 1 帧上显示出一个标记"a"。

图 5-168   图 5-169

选择"选择"工具，在舞台窗口中选中按钮元件"开始"实例，选择"窗口 > 动作"命令，弹出"动作"面板，在面板中单击"将新项目添加到脚本中"按钮，在弹出的菜单中选择"全局函数 > 影片剪辑控制 > on"命令，如图 5-170 所示。在"脚本窗口"中显示出选择的脚本语言，在下拉列表中选择"press"，如图 5-171 所示。

图 5-170   图 5-171

将光标放置在第 1 行脚本语言的最后，按 Enter 键光标显示到第 2 行，如图 5-172 所示，在"动作"面板中单击"将新项目添加到脚本中"按钮，在弹出的菜单中选择"全局函数 > 时间轴控制 > play"命令，如图 5-173 所示。在"脚本窗口"中显示出选择的脚本语言，如图 5-174 所示。

图 5-172　　　　　　　　　　　　　图 5-173　　　　　　　　　　　　　图 5-174

在舞台窗口中选中按钮元件"停止"实例，用相同的方法在"动作"面板中设置脚本语言，如图 5-175 所示。

在"动作"面板中单击"将新项目添加到脚本中"按钮，在弹出的菜单中选择"全局函数 > 时间轴控制 > stop"命令，在"脚本窗口"中显示出选择的脚本语言，如图 5-176 所示。按 Ctrl+Enter 组合键查看动画效果。当单击停止按钮时，动画停止在正在播放的帧上，效果如图 5-177 所示。单击播放按钮后，动画将继续播放。

图 5-175　　　　　　　　图 5-176　　　　　　　　　　图 5-177

5.2.5　【实战演练】制作珍贵亲友相册

使用"椭圆"工具绘制按钮图形，使用"创建补间动画"命令制作动画效果，使用"动作"面板设置脚本语言来控制动画播放。（最终效果参看光盘中的"Ch05 > 效果 > 制作珍贵亲友相册"，见图 5-178。）

图 5-178

5.3 综合演练——制作儿童电子相册

使用"新建元件"命令制作按钮元件，使用"属性"面板改变照片的透明度，使用"帧"命令制作逐帧动画效果，使用"动作"面板设置脚本语言来制作单击按钮显示大照片效果。（最终效果参看光盘中的"Ch05 > 效果 > 制作儿童电子相册"，见图 5-179。）

图 5-179

5.4 综合演练——制作家装影集

使用"帧"命令延长动画的播放时间，使用"创建补间动画"命令制作动画效果，使用"动作"面板设置脚本语言来控制动画播放。（最终效果参看光盘中的"Ch05 > 效果 > 制作家装影集"，见图 5-180。）

图 5-180

第6章 节目片头与MTV

Flash 动画在节目片头、影视剧片头以及 MTV 制作上的应用越来越广泛。节目片头与 MTV 体现了节目的风格和档次，它的质量将直接影响整个节目的效果。本章将介绍多个节目片头与 MTV 的制作过程，读者通过学习要掌握节目包装的设计思路和制作技巧，从而制作出更多精彩的节目片头。

 课堂学习目标

- 掌握节目片头与 MTV 的设计思路
- 掌握节目片头与 MTV 的制作方法
- 掌握节目片头与 MTV 的应用技巧

6.1 制作卡通歌曲 MTV

6.1.1 【案例分析】

卡通歌曲 MTV 是现在网络中非常流行的音乐形式，它可以根据歌曲的内容来设计制作生动有趣的 MTV 节目，吸引儿童浏览和欣赏。需要注意的是，MTV 在设计上要抓住儿童的心理和喜好。

6.1.2 【设计理念】

在设计制作过程中，首先使用橙色的背景给人欢快活泼感。运用彩虹和音符代替五线谱，在说明设计主题的同时，增加了趣味感。添加卡通动物的动画营造出欢快愉悦的歌曲氛围。（最终效果参看光盘中的"Ch06 > 效果 > 制作卡通歌曲 MTV"，见图 6-1。）

图 6-1

6.1.3 【操作步骤】

1. 导入图片并制作图形元件

步骤 1 选择"文件 > 新建"命令，在弹出的"新建文档"对话框中选择"Flash 文件"选项，单击"确定"按钮，进入新建文档舞台窗口。按 Ctrl+F3 组合键，弹出文档"属性"面板，

CHAPTER 6

单击面板中的"编辑"按钮 编辑... ，弹出"文档属性"对话框，将"宽度"选项设为 400，"高度"选项设为 200，将"背景颜色"设为橙黄色（#F2AB00），单击"确定"按钮，改变舞台窗口的大小。

步骤 2 单击"配置文件"选项右侧的"编辑"按钮 编辑... ，弹出"发布设置"对话框，选中"播放器"选项下拉列表中的"Flash Player 10"，如图 6-2 所示，单击"确定"按钮。

步骤 3 选择"文件 > 导入 > 导入到库"命令，在弹出的"导入到库"对话框中选择"Ch06 > 素材 > 卡通歌曲 MTV > 01、02"文件，单击"打开"按钮，文件被导入到"库"面板中，如图 6-3 所示。

步骤 4 在"库"面板下方单击"新建元件"按钮 ，弹出"创建新元件"对话框，在"名称"选项的文本框中输入"M"，在"类型"选项的下位列表中选择"图形"，单击"确定"按钮，新建图形元件"M"，如图 6-4 所示。舞台窗口也随之转换为图形元件的舞台窗口。

图 6-2　　　　图 6-3　　　　图 6-4

步骤 5 选择"文本"工具 T，在文本工具"属性"面板中进行设置，在舞台窗口中适当的位置输入大小为 24，字体为"Curlz MT"的橙色（#E06800）文字，文字效果如图 6-5 所示。

步骤 6 单击"新建元件"按钮 ，新建图形元件"T"，如图 6-6 所示。选择"文本"工具 T，在文本工具"属性"面板中进行设置，在舞台窗口中适当的位置输入大小为 24、字体为"Curlz MT"的橙色（#E06800）文字，文字效果如图 6-7 所示。

图 6-5　　　　图 6-6　　　　图 6-7

中等职业教育数字艺术类规划教材

步骤 7 在"库"面板中，单击"新建元件"按钮，新建图形元件"V"，如图 6-8 所示。选择"文本"工具，在文本工具"属性"面板中进行设置，在舞台窗口中适当的位置输入大小为 24、字体为"Curlz MT"的橙色（#E06800）文字，文字效果如图 6-9 所示。

步骤 8 在"库"面板中，单击"新建元件"按钮，新建图形元件"文字动"，如图 6-10 所示。选择"文本"工具，在文本工具"属性"面板中进行设置，在舞台窗口中适当的位置输入大小为 30、字体为"方正兰亭粗黑简体"的白色文字，文字效果如图 6-11 所示。

图 6-8　　　　图 6-9　　　　图 6-10　　　　图 6-11

步骤 9 选中文字"通"，如图 6-12 所示，在文本"属性"面板将"大小"选项设为 12，效果如图 6-13 所示。同样的方法将文字"歌"的大小设为 18、"曲"的大小设为 24，效果如图 6-14 所示。

图 6-12　　　　图 6-13　　　　图 6-14

步骤 10 选择"选择"工具，在舞台窗口中选中文字，按 Ctrl+B 组合键将其打散，效果如图 6-15 所示。分别选中"图层 1"的第 5 帧、第 9 帧、第 13 帧，插入关键帧，选中第 16 帧，插入普通帧。

步骤 11 选中第 1 帧，按住 Shift 键的同时选中文字"通"、"歌"、"曲"，如图 6-16 所示，按 Delete 键将其删除，效果如图 6-17 所示。

图 6-15　　　　图 6-16　　　　图 6-17

步骤 12 用相同的方法将第 5 帧中的文字"歌"、"曲"删除，效果如图 6-18 所示，第 9 帧中的文字"曲"删除，效果如图 6-19 所示。

图 6-18　　　　图 6-19

步骤 13 在"库"面板中，单击"新建元件"按钮 ，新建图形元件"白色条"，如图6-20所示。选择"钢笔"工具 ，在钢笔"属性"面板中，将"笔触颜色"设为白色，"笔触"选项设为13，其他选项的设置如图6-21所示，在舞台窗口绘制1条曲线，效果如图6-22所示。

图6-20 图6-21 图6-22

步骤 14 用鼠标右键单击"库"面板中的图形元件"白色条"，在弹出的菜单中选择"直接复制"命令，弹出"直接复制元件"对话框，在"名称"选项的文本框中输入"红色条"，在"类型"选项的下位列表中选择"图形"，单击"确定"按钮，复制出新的图形元件"红色条"。双击"库"面板中的图形元件"红色条"，舞台窗口转换为图形元件的舞台窗口。

步骤 15 选择"选择"工具 ，选中曲线，在工具箱中将"笔触颜色"设为红色（#ED3072），效果如图6-23所示。

步骤 16 用相同的方法复制出图形元件"黄色条"，双击"库"面板中的图形元件"黄色条"，舞台窗口转换为元件"黄色条"的舞台窗口。在舞台窗口中选中曲线，在工具箱中将"笔触颜色"设为黄色（#FFFF00），效果如图6-24所示。

图6-23 图6-24

步骤 17 用相同的方法复制出图形元件"蓝色条"，双击"库"面板中的图形元件"蓝色条"，舞台窗口转换为元件"蓝色条"的舞台窗口。在舞台窗口中选中曲线，在工具箱中将"笔触颜色"设为蓝色（#0091DC），效果如图6-25所示。

步骤 18 用相同的方法复制出图形元件"绿色条"，双击"库"面板中的元件"绿色条"，舞台窗口转换为元件"绿色条"的舞台窗口。在舞台窗口中选中曲线，在工具箱中将"笔触颜色"设为绿色（#00CC00），效果如图6-26所示。

图6-25 图6-26

2. 制作影片剪辑元件

步骤 1 单击"新建元件"按钮，新建影片剪辑元件"MTV"。将"图层1"重命名为"底"。选择"钢笔"工具，在钢笔"属性"面板中，将"笔触颜色"设为褐色（#CDB388），"笔触"选项设为1，在舞台窗口绘制1条闭合曲线，效果如图6-27所示。

步骤 2 在工具箱中将"填充颜色"设为白色。选择"颜料桶"工具，在边线内部单击鼠标填充图形，如图6-28所示。选中第35帧，插入普通帧，效果如图6-29所示。

图 6-27

图 6-28

图 6-29

步骤 3 在"时间轴"面板中创建新图层并将其命名为"M"。将"库"面板中的图形元件"M"，拖曳到舞台窗口中，效果如图6-30所示。分别选中"M"图层的第10帧、第15帧，插入关键帧。

步骤 4 选中"M"图层的第1帧，在舞台窗口中将"M"实例垂直向上拖曳，效果如图6-31所示。选中"M"图层的第15帧，在舞台窗口中将"M"实例水平向左拖曳，效果如图6-32所示。分别用鼠标右键单击"M"图层的第1帧、第10帧，在弹出的菜单中选择"创建传统补间"命令，生成传统补间动画。

图 6-30

图 6-31

图 6-32

步骤 5 在"时间轴"面板中创建新图层并将其命名为"T"。选中"T"图层的第10帧，插入关键帧，将"库"面板中的图形元件"T"，拖曳到舞台窗口中，效果如图6-33所示。选中"T"图层的第20帧，插入关键帧。

步骤 6 选中"T"图层的第10帧，在舞台窗口中将"T"实例垂直向上拖曳，效果如图6-34所示。用鼠标右键单击"T"图层的第10帧，在弹出的菜单中选择"创建传统补间"命令，生成传统补间动画，如图6-35所示。

步骤 7 在"时间轴"面板中创建新图层并将其命名为"V"。选中"V"图层的第20帧，插入关键帧，将"库"面板中的图形元件"V"，拖曳到舞台窗口中，效果如图6-36所示。分别选中"V"图层的第30帧、第35帧，插入关键帧。

步骤 8 选中"V"图层的第20帧，在舞台窗口中将"V"实例垂直向上拖曳，效果如图6-37

所示。选中"V"图层的第 35 帧，在舞台窗口中将"V"实例水平向右拖曳，效果如图 6-38 所示。分别用鼠标右键单击"V"图层的第 20 帧、第 30 帧，在弹出的菜单中选择"创建传统补间"命令，生成传统补间动画。

图 6-33

图 6-34

图 6-35

图 6-36

图 6-37

图 6-38

步骤 9 在"时间轴"面板中创建新图层并将其命名为"动作脚本"，选中"动作脚本"图层的第 35 帧，插入关键帧。选择"窗口 > 动作"命令，弹出"动作"面板，在面板中单击"将新项目添加到脚本中"按钮 ✛，在弹出的菜单中选择"全局函数 > 时间轴控制 > stop"命令，如图 6-39 所示。在"脚本窗口"中显示出选择的脚本语言，如图 6-40 所示。设置好动作脚本后，关闭"动作"面板。在"动作脚本"图层的第 35 帧上显示出一个标记"a"。

图 6-39

图 6-40

3. 制作动物动画

步骤 1 在"库"面板中，新建一个影片剪辑元件"小狗动"，舞台窗口也随之转换为影片剪辑元件的舞台窗口。将"库"面板中的图形元件"元件 1"拖曳到舞台窗口中，并放置到合适的位置，效果如图 6-41 所示。分别选中"图层 1"的第 20 帧、第 40 帧、第 60 帧、第 80 帧，插入关键帧，如图 6-42 所示。

图 6-41   图 6-42

步骤 2 选中"图层 1"的第 20 帧，在"变形"面板中，将"旋转"选项设为 9，如图 6-43 所示，效果如图 6-44 所示。

步骤 3 选中"图层 1"的第 60 帧，在"变形"面板中，将"旋转"选项设为−9，如图 6-45 所示，效果如图 6-46 所示。分别用鼠标右键单击"图层 1"的第 1 帧、第 20 帧、第 40 帧、第 60 帧，在弹出的菜单中选择"创建传统补间"命令，生成传统补间动画。

图 6-43   图 6-44   图 6-45   图 6-46

步骤 4 选中"图层 1"的第 80 帧，选择"窗口 > 动作"命令，弹出"动作"面板，在面板中单击"将新项目添加到脚本中"按钮 ，在弹出的菜单中选择"全局函数 > 时间轴控制 > stop"命令，如图 6-47 所示。在"脚本窗口"中显示出选择的脚本语言，如图 6-48 所示。设置好动作脚本后，关闭"动作"面板，在"图层 1"的第 80 帧上显示出一个标记"a"。

图 6-47   图 6-48

4. 制作动画效果

步骤 1 单击舞台窗口左上方的"场景 1"图标 ，进入"场景 1"的舞台窗口。将"图层

1"重新命名为"钢笔修饰"。选择"钢笔"工具，在工具箱中将"笔触颜色"设为红色，在舞台窗口中绘制1个闭合曲线，效果如图6-49所示。

步骤 2 在工具箱中将"填充颜色"设为白色。选择"颜料桶"工具，在边线内部单击鼠标，填充图形，如图6-50所示。选择"选择"工具，双击边线，将其选中，按Delete键将其删除。选中"钢笔修饰"图层的第260帧，插入普通帧。

图6-49 图6-50

步骤 3 在"时间轴"面板中创建新图层并将其命名为"绿色条"。将"库"面板中的图形元件"绿色条"拖曳到舞台窗口的下方，效果如图6-51所示。选中"绿色条"图层的第15帧，插入关键帧。

步骤 4 选中"绿色条"图层的第1帧，在舞台窗口中将"绿色块"实例垂直向上拖曳，效果如图6-52所示。用鼠标右键单击"绿色条"图层的第1帧，在弹出的菜单中选择"创建传统补间"命令，生成传统补间动画。

图6-51 图6-52

步骤 5 在"时间轴"面板中创建新图层并将其命名为"黄色条"。选中"黄色条"图层的第2帧，插入关键帧，将"库"面板中的图形元件"黄色条"拖曳到舞台窗口的下方，效果如图6-53所示。选中"黄色条"图层的第16帧，插入关键帧。

步骤 6 选中"黄色条"图层的第2帧，在舞台窗口中将"黄色条"实例垂直向上拖曳，效果如图6-54所示。用鼠标右键单击"黄色条"图层的第2帧，在弹出的菜单中选择"创建传统补间"命令，生成传统补间动画。

图6-53 图6-54

步骤 7 在"时间轴"面板中创建新图层并将其命名为"蓝色条"。选中"蓝色条"图层的第3帧，插入关键帧，将"库"面板中的图形元件"蓝色条"拖曳到舞台窗口的下方，效果如图6-55所示。选中"蓝色条"图层的第17帧，插入关键帧。

步骤 8 选中"蓝色条"图层的第 3 帧,在舞台窗口中将"蓝色条"实例垂直向上拖曳,效果如图 6-56 所示。用鼠标右键单击"蓝色条"图层的第 3 帧,在弹出的菜单中选择"创建传统补间"命令,生成传统补间动画。

图 6-55

图 6-56

步骤 9 在"时间轴"面板中创建新图层并将其命名为"红色条"。选中"红色条"图层的第 4 帧,插入关键帧,将"库"面板中的图形元件"红色条"拖曳到舞台窗口的下方,效果如图 6-57 所示。选中"红色条"图层的第 18 帧,插入关键帧。

步骤 10 选中"红色条"图层的第 4 帧,在舞台窗口中将"红色条"实例垂直向上拖曳,效果如图 6-58 所示。用鼠标右键单击"红色条"图层的第 4 帧,在弹出的菜单中选择"创建传统补间"命令,生成传统补间动画。

图 6-57

图 6-58

步骤 11 在"时间轴"面板中创建新图层并将其命名为"白色条"。选中"白色条"图层的第 5 帧,插入关键帧,将"库"面板中的图形元件"白色条"拖曳到舞台窗口的下方,效果如图 6-59 所示。选中"白色条"图层的第 19 帧,插入关键帧。

步骤 12 选中"白色条"图层的第 5 帧,在舞台窗口中将"白色条"实例垂直向上拖曳,效果如图 6-60 所示。用鼠标右键单击"白色条"图层的第 5 帧,在弹出的菜单中选择"创建传统补间"命令,生成传统补间动画。

图 6-59

图 6-60

步骤 13 在"时间轴"面板中创建新图层并将其命名为"音乐符"。选中"音乐符"图层的第 19 帧,插入关键帧。选择"线条"工具,在线条"属性"面板中将"笔触颜色"设为白色,"笔触"选项设为 1.5,在舞台窗口中绘制多条直线,效果如图 6-61 所示。

步骤 14 在线条"属性"面板中将"笔触"选项设为 3,在舞台窗口中再次绘制 1 条倾斜直线,效果如图 6-62 所示。

图 6-61　　　　　　　　　　　　　图 6-62

步骤 15 选择"钢笔"工具 ，在工具箱中将"笔触颜色"设为黑色，在舞台窗口中绘制 1 个闭合曲线，效果如图 6-63 所示。

步骤 16 在工具箱中将"填充颜色"设为白色。选择"颜料桶"工具 ，在边线内部单击鼠标，填充图形，如图 6-64 所示。

步骤 17 选择"选择"工具 ，双击边线将其选中，按 Delete 键将其删除，效果如图 6-65 所示。用相同的方法在适当的位置绘制其他图形，效果如图 6-66 所示。

图 6-63　　　　　　图 6-64　　　　　　图 6-65　　　　　　图 6-66

步骤 18 选择"椭圆"工具 ，在工具箱中将"笔触颜色"设为无，"填充颜色"设为白色，在舞台窗口中绘制多个椭圆，效果如图 6-67 所示。将"填充颜色"设为青色（#0091DC），再次绘制 2 个椭圆，效果如图 6-68 所示。

图 6-67　　　　　　　　　　　　　图 6-68

步骤 19 在"时间轴"面板中创建新图层并将其命名为"小狗"。选中"小狗"图层的第 30 帧，插入关键帧，将"库"面板中的影片剪辑元件"小狗动"拖曳到舞台窗口中，选择"任意变形"工具 ，将其调整到合适的大小，并放置在适当的位置，效果如图 6-69 所示。

步骤 20 选中"小狗动"实例，选择"修改 > 变形 > 水平翻转"命令，将其进行水平翻转，效果如图 6-70 所示。

图 6-69　　　　　　　　　　　　　图 6-70

步骤 21 选中"小狗"图层的第 40 帧，插入关键帧，选中"小狗"图层的第 30 帧，选择"任意变形"工具 ，将"小狗动"实例放大，效果如图 6-71 所示。用鼠标右键单击"小狗"图层的第 30 帧，在弹出的菜单中选择"创建传统补间"命令，生成传统补间动画，如图 6-72 所示。

图 6-71　　　　　　　　　　　　　图 6-72

步骤 22 在"时间轴"面板中创建新图层并将其命名为"MTV"。选中"MTV"图层的第 50 帧，插入关键帧，将"库"面板中的影片剪辑元件"MTV"拖曳到舞台窗口的左上方，效果如图 6-73 所示。选中"MTV"图层的第 60 帧，插入关键帧。

步骤 23 选中"MTV"图层的第 50 帧，选择"任意变形"工具，将"MTV"实例放大，效果如图 6-74 所示。用鼠标右键单击"MTV"图层的第 50 帧，在弹出的菜单中选择"创建传统补间"命令，生成传统补间动画。

图 6-73　　　　　　　　　　　　　图 6-74

步骤 24 在"时间轴"面板中创建新图层并将其命名为"文字"。选中"文字"图层的第 90 帧，插入关键帧，将"库"面板中的影片图形元件"文字动"拖曳到舞台窗口中，效果如图 6-75 所示。选中"文字"图层的第 100 帧，插入关键帧。卡通歌曲 MTV 效果制作完成，按 Ctrl+Enter 组合键即可查看效果，效果如图 6-76 所示。

步骤 25 在"时间轴"面板中创建新图层并将其命名为"音乐"。选中"音乐"图层的第 30 帧，插入关键帧。将"库"面板中的声音文件"02"拖曳到舞台窗口中。选中"音乐"图层的第 30 帧，调出帧"属性"面板，在"声音"选项组中，选择"同步"选项下拉列表中的"事件"，将"声音循环"选项设为"循环"，如图 6-77 所示。

图 6-75　　　　　　　　图 6-76　　　　　　　　图 6-77

6.1.4　【相关工具】

1．导入声音素材并添加声音

Flash CS4 在"库"中可以保存声音、位图、组件和元件。与图形组件一样，只需要一个声音文件的副本，即可在文档中以各种方式使用这个声音文件。

步骤 1　要为动画添加声音，可以选择"文件 > 打开"命令，弹出"打开"对话框，选择动画文件，单击"打开"按钮将文件打开，如图 6-78 所示。选择"文件 > 导入 > 导入到库"命令，在弹出的"导入"对话框中选中声音文件，单击"打开"按钮，将声音文件导入到"库"面板中，如图 6-79 所示。

步骤 2　单击"时间轴"面板下方的"新建图层"按钮 ，创建新的图层"音乐"，将其作为放置声音文件的图层，如图 6-80 所示。

图 6-78　　　　　　　　　图 6-79　　　　　　　　　图 6-80

步骤 3　将"库"面板中的声音文件"01"拖曳到舞台窗口中，如图 6-81 所示。松开鼠标，在"音乐"图层中出现声音文件的波形，如图 6-82 所示。声音添加完成，按 Ctrl+Enter 组合键即可测试添加效果。

图 6-81　　　　　　　　　　　　　　图 6-82

2．"属性"面板

选中"音乐"图层的第 1 帧，按 Ctrl+F3 组合键弹出帧"属性"面板，如图 6-83 所示。

"名称"选项：可以在此选项的下拉列表中选择"库"面板中的声音文件。

"效果"选项：可以在此选项的下拉列表中选择声音播放的效果，如图 6-84 所示。

图 6-83

图 6-84

"无"选项：不对声音文件应用效果，选择此选项后可以删除以前应用于声音的特效。

"左声道"选项：只在左声道播放声音。

"右声道"选项：只在右声道播放声音。

"从左到右淡出"选项：声音从左声道渐变到右声道。

"从右到左淡出"选项：声音从右声道渐变到左声道。

"淡入"选项：在声音的持续时间内逐渐增加其音量。

"淡出"选项：在声音的持续时间内逐渐减小其音量。

"自定义"选项：弹出"编辑封套"对话框，通过自定义声音的淡入和淡出点，创建自己的声音效果。

"同步"选项：用于选择何时播放声音。

在 Flash 中有两种类型的声音，即事件声音和音频流。事件声音必须完全下载后才能开始播放，除非明确停止，否则它将一直连续播放。音频流在前几帧下载了足够的资料后就开始播放，音频流可以和时间轴同步，以便在 Web 站点上播放。

"重复"选项：用于指定声音循环的次数，可以在选项后的数值框中设置循环次数。

"循环"选项：用于循环播放声音。一般情况下不循环播放音频流，如果将音频流设为循环播放，帧就会添加到文件中，文件的大小就会根据声音循环播放的次数而倍增。

"编辑"按钮：单击此按钮，弹出"编辑封套"对话框，通过自定义声音的淡入和淡出点，创建自己的声音效果。

6.1.5 【实战演练】制作英文歌曲 MTV

使用"帧"命令延长动画的播放时间，使用"新建元件"命令创建影片剪辑，使用"关键帧"命令制作帧动画效果，使用"创建补间动画"命令制作白云飘过和窗户动画效果，使用声音文件为动画添加音效，使动画变得更生动。（最终效果参看光盘中的"Ch06 > 效果 > 制作英文歌曲 MTV"，见图 6-85。）

图 6-85

6.2 制作英文诗歌教学片头

6.2.1 【案例分析】

网络英文教学是现在非常流行的一种教学模式。它可以根据教学的内容来设计制作生动有趣的动画效果，吸引大家浏览和学习。教学片头在设计上要注意颜色的搭配，声音与图形的出场时间要保持一致。

6.2.2 【设计理念】

在设计制作过程中，利用粉红色背景和英文的搭配，营造出英文诗歌教学的活跃气氛；通过字母 C、G 跳跃的形式配合背景声音的出场，表现出诗歌的韵律和节奏感。右上角的按钮可以左右拖动，从而帮助学习者调整适当的音量。（最终效果参看光盘中的"Ch06 > 效果 >制作英文诗歌教学片头"，见图 6-86。）

图 6-86

6.2.3 【操作步骤】

1. 导入图形并制作 C 图形动画

步骤 1 选择"文件 > 新建"命令，在弹出的"新建文档"对话框中选择"Flash 文件"选项，单击"确定"按钮，进入新建文档舞台窗口。按 Ctrl+J 组合键，弹出"文档属性"面板，将"背景颜色"设为橘黄色（#FF9900），单击"确定"按钮，改变舞台窗口的背景色。选择"文件 > 导入 > 导入到库"命令，在弹出的"导入到库"对话框中选择"Ch06 > 素材 > 制作英文诗歌教学片头 >C、class、G、good、按钮、背景、声音"文件，单击"打开"按钮，文件被导入"库"面板中，如图 6-87 所示。

步骤 2 按 Ctrl+F8 组合键，弹出"创建新元件"对话框，在"名称"选项的文本框中输入"控制条"，在"类型"选项下拉列表中选择"影片剪辑"选项，单击"确定"按钮，新建影片简介元件"控制条"，如图 6-88 所示。舞台窗口也随之转换为影片剪辑元件的舞台窗口。

图 6-87   图 6-88

步骤 3 选择"矩形"工具，在矩形"属性"面板中将"笔触颜色"设为深灰色（#999999），"填充颜色"设为白色，在舞台窗口中绘制出 1 个矩形，效果如图 6-89 所示。

步骤 4 选择"文本"工具，在文本工具"属性"面板中进行设置，在舞台窗口中适当的位

中等职业教育数字艺术类规划教材

置输入大小为 10，字体为"方正大黑简体"的白色文字，文字效果如图 6-90 所示。再次在舞台窗口中输入文字，文字效果如图 6-91 所示。

图 6-89

图 6-90

图 6-91

步骤 5 在"库"面板中，用鼠标右键单击"按钮"元件，在弹出的菜单中选择"属性"命令，弹出"元件属性"对话框，在"类型"下拉列表中选择"影片剪辑"如图 6-92 所示。单击"确定"按钮，按钮元件转换为影片剪辑元件，如图 6-93 所示。

步骤 6 单击舞台窗口左上方的"场景 1"图标 场景1，进入"场景 1"的舞台窗口。将"图层 1"重命名为"底图"。将"库"面板中的位图"背景"拖曳到舞台窗口中，效果如图 6-94 所示。选中"底图"图层的第 150 帧，插入普通帧。

图 6-92

图 6-93

图 6-94

步骤 7 单击"时间轴"面板下方的"新建图层"按钮 创建新图层，并将其命名为"c1"。将"库"面板中的图形元件"c"拖曳到舞台窗口的右上方外侧，效果如图 6-95 所示。选中"c1"图层的第 10 帧，插入关键帧，选择"任意变形"工具 ，在舞台窗口中选中"c"实例，将其缩小并放置到合适的位置，效果如图 6-96 所示。

步骤 8 用鼠标右键单击"c1"图层的第 1 帧，在弹出的菜单中选择"创建传统补间"命令，生成传统补间动画，如图 6-97 所示。

图 6-95

图 6-96

图 6-97

步骤 9 选中"c1"图层的第 13 帧，插入关键帧，选择"选择"工具 ，在舞台窗口中选中"c"

实例，调出图形"属性"面板，分别将宽度、高度设为70，舞台窗口中的效果如图6-98所示。分别选中"c1"图层的第15帧、第20帧、第24帧、第28帧、第30帧、第45帧，插入关键帧，如图6-99所示。

图 6-98

图 6-99

步骤 10 选中"c1"图层的第20帧，选择"任意变形"工具 ，在舞台窗口中选中"c"实例，将其变形，按住Shift键的同时将其水平向左拖曳到合适的位置，效果如图6-100所示。

步骤 11 选中"c1"图层的第24帧，在舞台窗口中选中"c"实例，按住Shift键的同时将其水平向左拖曳到合适的位置，效果如图6-101所示。选中"c1"图层的第28帧，在舞台窗口中选中"c"实例将其变形，按住Shift键的同时将其水平向左拖曳到舞台窗口的外侧，效果如图6-102所示。

图 6-100

图 6-101

图 6-102

步骤 12 选中"c1"图层的第30帧，在舞台窗口中选中"c"实例，按住Shift键的同时将其水平向左拖曳到舞台窗口的外侧，效果如图6-103所示。

步骤 13 选中"c1"图层的第45帧，在舞台窗口中选中"c"实例，按住Shift键的同时将其水平向右拖曳到舞台窗口的外侧，效果如图6-104所示。

步骤 14 分别用鼠标右键单击"c1"图层的第15帧、第20帧、第24帧、第30帧，在弹出的菜单中选择"创建传统补间"命令，生成传统补间动画，如图6-105所示。

图 6-103

图 6-104

图 6-105

步骤 15 在"时间轴"面板中创建新图层并将其命名为"c2"。选中"c2"图层的第17帧，插入关键帧。将"库"面板中的图形元件"c"拖曳到舞台窗口中，选择"任意变形"工具 ，按住Shift键的同时将其等比缩小，并放置到合适的位置，效果如图6-106所示。

步骤16 选中"c2"图层的第 24 帧，插入关键帧，选择"任意变形"工具 ，在舞台窗口中选中"c"实例将其变形，按住 Shift 键的同时将其垂直向下拖曳到舞台窗口的下方，效果如图 6-107 所示。

步骤17 分别选中"c2"图层的第 25 帧、第 28 帧，插入关键帧。选中"c2"图层的第 25 帧，在舞台窗口中选中"c"实例，选择"任意变形"工具 将其变形，并放置到合适的位置，效果如图 6-108 所示。

图 6-106   图 6-107   图 6-108

步骤18 分别选中"c2"图层的第 31 帧、第 35 帧，插入关键帧。选中"c2"图层的第 31 帧，选择"任意变形"工具 ，在舞台窗口中选中"c"实例将其变形，并放置到合适的位置，效果如图 6-109 所示。

步骤19 选中"c2"图层的第 35 帧，在舞台窗口中选中"c"实例，调出图形"属性"面板，分别将"宽度"、"高度"设为 62，并将其放置到合适的位置，效果如图 6-110 所示。选中"c2"图层的第 43 帧，插入关键帧，选择"任意变形"工具 ，在舞台窗口中选中"c"实例将其变形，并放置到合适的位置，效果如图 6-111 所示。

图 6-109   图 6-110   图 6-111

步骤20 选中"c2"图层的第 50 帧，插入关键帧，在舞台窗口中选中"c"实例，按住 Shift 键的同时将其垂直向上拖曳到舞台上方，效果如图 6-112 所示。

步骤21 选中"c2"图层的第 62 帧，插入关键帧，在舞台窗口中选中"c"实例，调出图形"属性"面板，分别将"宽度"、"高度"设为 20，将"X"、"Y"设为 256、160，效果如图 6-113 所示。

图 6-112   图 6-113

步骤 22　选中 "c2" 图层的第 67 帧，插入关键帧，在舞台窗口中选中 "c" 实例，选择 "任意变形" 工具 ⬚，按住 Shift 键的同时将其等比放大，效果如图 6-114 所示。

步骤 23　分别选中 "c2" 图层的第 70 帧和第 75 帧，插入关键帧。选中 "c2" 图层的第 75 帧，在舞台窗口中选中 "c" 实例，在图形 "属性" 面板中选择 "色彩效果" 选项组，在 "样式" 选项的下拉列表中选择 "Alpha"，将其值设为 0。舞台窗口中的效果如图 6-115 所示。

图 6-114　　　　　　　　　　　　图 6-115

步骤 24　分别用鼠标右键单击 "c2" 图层的第 17 帧、第 43 帧、第 62 帧、第 70 帧，在弹出的菜单中选择 "创建传统补间" 命令，生成传统补间动画，如图 6-116 所示。

图 6-116

2. 制作 class 文字动画

步骤 1　在 "时间轴" 面板中创建新图层并将其命名为 "class"。选中 "class" 图层的第 46 帧，插入关键帧。将 "库" 面板中的图形元件 "class" 拖曳到舞台窗口的右下方外侧，效果如图 6-117 所示。

步骤 2　选中 "class" 图层的第 61 帧，插入关键帧。在舞台窗口中选中 "class" 实例，按住 Shift 键的同时将其水平向左拖曳到舞台左下方，效果如图 6-118 所示。

步骤 3　分别选中 "class" 图层的第 67 帧、第 71 帧、第 76 帧，插入关键帧。选中 "class" 图层的第 61 帧，选择 "任意变形" 工具 ⬚，在舞台窗口中选中 "class" 实例，按住 Alt 键的同时向左拖曳右侧中间的控制点将其变形，效果如图 6-119 所示。

图 6-117　　　　　　　　　图 6-118　　　　　　　　　图 6-119

步骤 4　选中 "class" 图层的第 76 帧，在舞台窗口中选中 "class" 实例，按住 Shift 键的同时将其水平向左拖曳到舞台外侧，效果如图 6-120 所示。分别用鼠标右键单击 "class" 图层的第

46 帧、第 61 帧、第 71 帧，在弹出的菜单中选择"创建传统补间"命令，生成传统补间动画，如图 6-121 所示。

步骤 5 在"时间轴"面板中创建新图层并将其命名为"c3"。选中"c3"图层的第 10 帧，插入关键帧。将"库"面板中的图形元件"c"拖曳到舞台窗口的左上方外侧，效果如图 6-122 所示。

图 6-120

图 6-121

图 6-122

步骤 6 选中"c3"图层的第 17 帧，插入关键帧。选择"任意变形"工具，在舞台窗口中选中"c"实例，按住 Shift 键的同时将其等比缩小到合适的大小，并拖曳到舞台窗口的右下方，效果如图 6-123 所示。

步骤 7 选中"c3"图层的第 24 帧，插入关键帧。在舞台窗口中选中"c"实例，在图形"属性"面板中选择"色彩效果"选项组，在"样式"选项的下拉列表中选择"Alpha"，将其值设为 0。舞台窗口中的效果如图 6-124 所示。

步骤 8 分别用鼠标右键单击"c3"图层的第 10 帧和第 17 帧，在弹出的菜单中选择"创建传统补间"命令，生成传统补间动画，如图 6-125 所示。

图 6-123

图 6-124

图 6-125

3. 制作 G 图形动画

步骤 1 在"时间轴"面板中创建新图层并将其命名为"g1"。选中"g1"图层的第 82 帧，插入关键帧。将"库"面板中的图形元件"g"拖曳到舞台窗口中，选择"任意变形"工具，按住 Shift 键的同时将其等比缩小，并放置到合适的位置，效果如图 6-126 所示。

步骤 2 选中"g1"图层的第 87 帧，插入关键帧。选择"任意变形"工具，在舞台窗口中选中"g"实例将其适当变形，按住 Shift 键的同时将其垂直向下拖曳到合适的位置，效果如图 6-127 所示。

步骤 3 分别选中"g1"图层的第 88 帧、第 90 帧，插入关键帧。选中"g1"图层的第 88 帧，选择"任意变形"工具，在舞台窗口中选中"g"实例将其适当变形，效果如图 6-128 所示。

步骤 4 选中"g1"图层的第 92 帧，插入关键帧。选择"选择"工具，在舞台窗口中选中"g"

实例调出图形"属性"面板，分别将"宽度"、"高度"设为95，舞台窗口中的效果如图 6-129 所示。

步骤 5　选中"g1"图层的第 103 帧，插入关键帧。在舞台窗口中选中"g"实例，按住 Shift 键的同时将其水平向右拖曳到舞台窗口外侧，效果如图 6-130 所示。

步骤 6　分别用鼠标右键单击"g1"图层的第 82 帧、第 92 帧，在弹出的菜单中选择"创建传统补间"命令，生成传统补间动画，如图 6-131 所示。选中"g1"图层的第 92 帧，调出帧"属性"面板，选择"旋转"下拉列表中的"顺时针"选项。

图 6-126

图 6-127

图 6-128

图 6-129

图 6-130

图 6-131

4. 制作 Good 文字动画

步骤 1　在"时间轴"面板中创建新图层并将其命名为"good"。选中"good"图层的第 114 帧，插入关键帧。将"库"面板中的图形元件"good"拖曳到舞台窗口的左下方外侧，效果如图 6-132 所示。

步骤 2　选中"good"图层的第 133 帧，插入关键帧。在舞台窗口中选中"good"实例，按住 Shift 键的同时将其水平向右拖曳到舞台窗口的外侧，效果如图 6-133 所示。

步骤 3　选中"good"图层的第 134 帧，插入关键帧。在舞台窗口中选中"good"实例，将其拖曳到舞台窗口的中间位置，效果如图 6-134 所示。

图 6-132

图 6-133

图 6-134

步骤 4　选中"good"图层的第 139 帧，插入关键帧。选中"good"图层的第 134 帧，选择"任意变形"工具，在舞台窗口中选中"good"实例，按住 Shift 键的同时将其等比缩小，并将其垂直向上拖曳到舞台上方，效果如图 6-135 所示。

步骤 5 分别用鼠标右键单击"good"图层的第 114 帧、第 134 帧，在弹出的菜单中选择"创建传统补间"命令，生成传统补间动画，如图 6-136 所示。

图 6-135　　　　　　　　　　　　　　　　　图 6-136

步骤 6 在"时间轴"面板中创建新图层并将其命名为"g2"。选中"g2"图层的第 76 帧，插入关键帧，将"库"面板中的图形元件"g"拖曳到舞台窗口中，选择"任意变形"工具，按住 Shift 键的同时将其等比缩小，并放置到舞台窗口的右上方外侧，效果如图 6-137 所示。

步骤 7 选中"g2"图层的第 82 帧，插入关键帧。在舞台窗口中选中"g"实例，按住 Shift 键的同时将其等比放大，并拖曳到舞台窗口的左下方，效果如图 6-138 所示。

步骤 8 选中"g2"图层的第 91 帧，插入关键帧。选择"选择"工具，在舞台窗口中选中"g"实例，按住 Shift 键的同时将其水平向左拖曳到舞台窗口的外侧，效果如图 6-139 所示。

图 6-137　　　　　　　　　　图 6-138　　　　　　　　　　图 6-139

步骤 9 选中"g2"图层的第 93 帧，插入关键帧。在舞台窗口中选中"g"实例，在图形"属性"面板中选择"色彩效果"选项组，在"样式"选项的下拉列表中选择"Alpha"，将其值设为 0，并将"g"实例拖曳到舞台的中间位置，效果如图 6-140 所示。

步骤 10 选中"g2"图层的第 100 帧，插入关键帧。选择"任意变形"工具，在舞台窗口中选中"g"实例，按住 Shift 键的同时将其等比缩小。在图形"属性"面板中选择"色彩效果"选项组，在"样式"选项的下拉列表中选择"Alpha"，将其值设为 100%，舞台窗口中的效果如图 6-141 所示。

图 6-140　　　　　　　　　　　　　　图 6-141

步骤 11 选中"g2"图层的第 105 帧，插入关键帧。在舞台窗口中选中"g"实例，按住 Alt 键

的同时拖动 "g" 实例将其复制。按住 Shift 键的同时将其等比缩小，并放置到合适的位置，效果如图 6-142 所示。

步骤 12　选中 "g2" 图层的第 107 帧，插入关键帧。在舞台窗口中选中两个 "g" 实例，按住 Alt 键的同时拖动 "g" 实例将其复制，并将复制出来的 "g" 实例放置到与小 "g" 实例大致相同的位置将其覆盖，效果如图 6-143 所示。

步骤 13　选中 "g2" 图层的第 110 帧，按住 Shift 键在单击第 150 帧，选中第 110 帧到第 150 帧之间所有的帧，用鼠标右键单击被选中的帧，在弹出的菜单中选择 "删除帧" 命令，将被选中的帧删除，如图 6-144 所示。

图 6-142

图 6-143

图 6-144

步骤 14　分别用鼠标右键单击 "g2" 图层的第 76 帧、第 82 帧、第 93 帧，在弹出的菜单中选择 "创建传统补间" 命令，生成传统补间动画，如图 6-145 所示。选中 "g1" 图层的第 82 帧，在帧 "属性" 面板中选择 "补间" 选项组，在 "旋转" 选项的下拉列表中选择 "顺时针"。

步骤 15　在 "时间轴" 面板中创建新图层并将其命名为 "g3"。选中 "g3" 图层的第 123 帧，插入关键帧，将 "库" 面板中的图形元件 "g" 拖曳到舞台窗口中。选择 "任意变形" 工具 ，按住 Shift 键的同时将其等比缩小，并放置到舞台窗口的上方，效果如图 6-146 所示。

步骤 16　选中 "g3" 图层的第 129 帧，插入关键帧。选择 "选择" 工具 ，在舞台窗口中选中 "g" 实例，按住 Shift 键的同时将其垂直向下拖曳到合适的位置，效果如图 6-147 所示。

图 6-145

图 6-146

图 6-147

步骤 17　用鼠标右键单击 "g3" 图层的第 123 帧，在弹出的菜单中选择 "创建传统补间" 命令，生成传统补间动画，如图 6-148 所示。在 "时间轴" 面板中创建新图层并将其命名为 "音乐"，将 "库" 面板中的声音文件 "声音" 拖曳到舞台窗口中。

步骤 18　在 "时间轴" 面板中创建新图层并将其命名为 "控制条"，将 "库" 面板中的影片剪辑元件 "控制条" 拖曳到舞台窗口的右上方，效果如图 6-149 所示。在影片剪辑 "属性" 面板的 "实例名称" 文本框中输入 "bar_sound"，如图 6-150 所示。

步骤 19　在 "时间轴" 面板中创建新图层并将其命名为 "按钮"，将 "库" 面板中的影片剪辑元件 "按钮" 拖曳到舞台窗口的右上方中，效果如图 6-151 所示。在影片剪辑 "属性" 面板的

"实例名称"文本框中输入"bar_con2",如图 6-152 所示。

图 6-148

图 6-149

图 6-150

图 6-151

图 6-152

步骤 20 在"时间轴"面板中创建新图层并将其命名为"动作脚本",选中"动作脚本"图层的第 1 帧,选择"窗口 > 动作"命令,弹出"动作"面板,在"动作"面板中设置脚本语言,"脚本窗口"中显示的效果如图 6-153 所示。设置好动作脚本后关闭"动作"面板,在"动作脚本"图层的第 1 帧上显示出一个标记"a"。

步骤 21 用鼠标右键单击"库"面板中的声音文件"声音",在弹出的菜单中选择"属性"命令,弹出"声音属性"对话框,单击对话框下方的"高级"按钮,勾选"为 ActionScript 导出"复选框,"在第一帧导出"复选框也随之被选中,在"标识符"文本框中输入"one",如图 6-154 所示。单击"确定"按钮,英文诗歌教学片头制作完成,按 Ctrl+Enter 组合键即可查看效果。

```
1   mysound = new Sound();
2   mysound.attachSound("one");
3   mysound.start();
4
5   bound_bar = bar_sound.getBounds(_root);
6   xmin_bs = bound_bar.xMin;
7   xmax_bs = bound_bar.xMax;
8
9   bar_con2.onPress = function() {
10      startDrag(this, false, xmin_bs, this._y, xmax_bs, this._y);
11  };
12  bar_con2.onRelease = function() {
13      stopDrag();
14  };
15  bar_con2.onReleaseOutside = function() {
16      stopDrag();
17  };
18  bar_con2.onEnterFrame = function() {
19      temp2 = (this._x-xmin_bs)/(xmax_bs-xmin_bs)*100;
20      mysound.setVolume(temp2);
21  };
```

图 6-153

图 6-154

6.2.4　【相关工具】

◎控制声音

步骤 1 新建空白文档。选择"文件 > 导入 > 导入到库"命令，在弹出的"导入到库"对话框中选择"02"声音文件，单击"打开"按钮，声音文件被导入到"库"面板中，如图 6-155 所示。

步骤 2 使用鼠标右键单击"库"面板中的声音文件，在弹出的菜单中选择"属性"命令，弹出"声音属性"对话框，单击"高级"按钮展开对话框，选中"为 ActionScript 导出"复选框和"在第 1 帧导出"复选框，在"标识符"文本框中输入"music"（此命令在将文件设置为 ActionScript 1.0&2.0 版本时才为可用），如图 6-156 所示，单击"确定"按钮。

图 5-139

步骤 3 选择"窗口 > 公用库 > 按钮"命令，弹出公用库中的按钮"库"面板（此面板是系统所提供的），选中按钮"库"面板中的"playback flat"文件夹中的按钮元件"flat blue play"和"flat blue stop"，如图 6-157 所示。将其拖曳到舞台窗口中，效果如图 6-158 所示。

图 6-155　　　　　　图 6-156　　　　　　图 6-157　　　　　　图 6-158

步骤 4 选择按钮"库"面板中的"classic buttons > Knobs & Faders"文件夹中的按钮元件"fader-gain"，如图 6-159 所示。将其拖曳到舞台窗口中，效果如图 6-160 所示。

图 6-159

图 6-160

步骤 5 在舞台窗口中选中"flat blue play"按钮实例，在按钮"属性"面板中将"实例名称"设为 bofang，如图 6-161 所示。在舞台窗口中选中"flat blue stop"按钮实例，在按钮"属性"面板中将"实例名称"设为 ting，如图 6-162 所示。

图 6-161　　　　　　　　　　　　　图 6-162

步骤 6 选中"flat blue play"按钮实例，选择"窗口 > 动作"命令，弹出"动作"面板，在面板的左上方将脚本语言设置为 ActionScript 1.0&2.0 版本，在"脚本窗口"中设置脚本语言。

```
on (press) {
    mymusic.start();
    _root.bofang._visible=false
    _root.ting._visible=true
}
```

"动作"面板中的效果如图 6-163 所示。

选中"flat blue stop"按钮实例，在"动作"面板的"脚本窗口"中设置脚本语言。

```
on (press) {
    mymusic.stop();
    _root.ting._visible=false
    _root.bofang._visible=true
}
```

"动作"面板中的效果如图 6-164 所示。

图 6-163　　　　　　　　　　　　　图 6-164

在"时间轴"面板中选中"图层 1"的第 1 帧，在"动作"面板的"脚本窗口"中设置脚本语言。

```
mymusic = new Sound();
mymusic.attachSound("music");
mymusic.start();
_root.bofang._visible=false
```

"动作"面板中的效果如图 6-165 所示。

步骤 7 　在"库"面板中双击影片剪辑元件"fader-gain"，舞台窗口随之转换为影片剪辑元件"fader-gain"的舞台窗口。在"时间轴"面板中选中图层"Layer 4"的第 1 帧，在"动作"面板中显示出脚本语言。将脚本语言的最后一句"sound.setVolume(level)"改为"_root.mymusic.setVolume(level)"，如图 6-166 所示。

图 6-165

图 6-166

步骤 8 　单击舞台窗口左上方的"场景 1"图标，进入"场景 1"的舞台窗口。将舞台窗口中的"flat blue play"按钮实例放置在"flat blue stop"按钮实例的上方，将"flat blue play"按钮实例覆盖，效果如图 6-167 所示。

步骤 9 　选中"flat blue stop"按钮实例，选择"修改 > 排列 > 下移一层"命令，将"flat blue stop"按钮实例移动到"flat blue play"按钮实例的下方，效果如图 6-168 所示。按 Ctrl+Enter 组合键即可查看动画效果。

图 6-167

图 6-168

6.2.5　【实战演练】制作城市宣传片

使用矩形工具制作黑幕效果，使用声音文件为动画添加背景音乐，使用"创建补间动画"命令制作动画效果，使用"属性"面板和"动作"面板控制声音音量的大小。（最终效果参看光盘中的"Ch06 > 效果 > 制作城市宣传片"，见图 6-169。）

图 6-169

6.3 制作美味蛋糕

6.3.1 【案例分析】

蛋糕是一种面食，一般是以烘烤的方式制作出来的。本例的美食节目是为喜爱做面点的朋友们介绍一种蛋糕的制作方法。按照节目介绍的配方及制作方法，就可烘烤出松软可口、风味独特的蛋糕。

6.3.2 【设计理念】

在设计制作过程中，背景设计为蛋糕坊的图案，营造出生动有趣的画面效果。动画中运用了制作蛋糕的整个过程，包括添加面粉、打鸡蛋、搅拌、放进烤箱等操作。最后添加声音特效，使画面变得更加活泼有趣。（最终效果参看光盘中的"Ch06 > 效果 > 制作美味蛋糕"，见图 6-170。）

6.3.3 【操作步骤】

1. 导入素材制作热气图形

步骤 1 选择"文件 > 新建"命令，在弹出的"新建文档"对话框中选择"Flash 文件"选项，单击"确定"按钮，进入新建文档舞台窗口。按 Ctrl+F3 组合键弹出文档"属性"面板，单击面板中的"编辑"按钮 编辑... ，弹出"文档属性"对话框，将"宽度"选项设为 498，"高度"选项设为 407，"帧频"选项设为 24，单击"确定"按钮，改变舞台窗口的大小。在"属性"面板中单击"配置文件"选项右侧的"编辑"按钮 编辑... ，弹出"发布设置"对话框，选择"版本"选项下拉列表中的"Flash Player 10"，如图 6-171 所示，单击"确定"按钮完成设置。

图 6-170

步骤 2 选择"文件 > 导入 > 导入到库"命令，在弹出的"导入到库"对话框，在弹出的"导入到库"

图 6-171

对话框中选择"Ch06> 素材 > 制作美味蛋糕 > 01~20"文件，单击"打开"按钮，文件被导入到"库"面板中，如图 6-172 所示。

步骤 3 按 Ctrl+F8 组合键，弹出"创建新元件"对话框，在"名称"选项的文本框中输入"热气"，在"类型"选项下拉列表中选择"图形"选项，单击"确定"按钮，新建图形元件"热气"，如图 6-173 所示。舞台窗口也随之转换为图形元件的舞台窗口。

步骤 4 选择"铅笔"工具 ，在工具箱中将"笔触颜色"设为黑色，在舞台窗口中绘制多条曲线，效果如图 6-174 所示。

图 6-172

图 6-173

图 6-174

2. 制作搅拌器搅拌和钟表效果

步骤 1 单击"新建元件"按钮 ，新建影片剪辑元件"搅拌器动"。将"库"面板中的图形元件"02"拖曳到舞台窗口中，选择"任意变形"工具 ，将其旋转适当角度，效果如图 6-175 所示。

步骤 2 选中"图层 1"的第 8 帧，插入普通帧。选中"图层 1"的第 6 帧，插入关键帧。选择"任意变形"工具 ，在舞台窗口中选中"02"实例，将其旋转适当角度，效果如图 6-176 所示。

步骤 3 单击"时间轴"面板下方的"新建图层"按钮 ，新建"图层 2"。选择"铅笔"工具 ，在铅笔工具"属性"面板，将"笔触"选项设为 0.75，在舞台窗口中绘制多条曲线，效果如图 6-177 所示。

步骤 4 选中"图层 2"的第 3 帧，插入关键帧。选择"任意变形"工具 ，将其旋转适当角度，效果如图 6-178 所示。

图 6-175

图 6-176

图 6-177

图 6-178

步骤 5 单击"新建元件"按钮，新建影片剪辑元件"钟表动"。将"图层 1"重命名为"钟表"。将"库"面板中的图形元件"20"拖曳到舞台窗口中，效果如图 6-179 所示。选中"钟表"图层的第 46 帧，插入普通帧，如图 6-180 所示。

步骤 6 在"时间轴"面板中创建新图层并将其命名为"秒针"。将"库"面板中的图形元件"03"拖曳到舞台窗口中，效果如图 6-181 所示。选择"任意变形"工具，将中心点拖曳到表盘的中心点上，效果如图 6-182 所示。

图 6-179

图 6-180

图 6-181

图 6-182

步骤 7 选中"秒针"图层的第 23 帧，插入关键帧。用鼠标右键单击"秒针"图层的第 1 帧，在弹出的菜单中选择"创建传统补间"命令，生成传统补间动画，如图 6-183 所示。在帧"属性"面板中选择"补间"选项组，在"选转"选项的下拉列表中选择"顺时针"，其他选项的设置如图 6-184 所示。

步骤 8 在"时间轴"面板中创建新图层并将其命名为"圆形"。选择"椭圆"工具，在工具箱中将"笔触颜色"设为无，"填充颜色"设为绿色（#009900），按住 Shift 键的同时在舞台窗口适当的位置绘制圆形，效果如图 6-185 所示。

图 6-183

图 6-184

图 6-185

3. 制作添加面粉和打鸡蛋效果

步骤 1 单击"新建元件"按钮，新建影片剪辑元件"动画 1"。将"图层 1"重命名为"红盆"。将"库"面板中的图形元件"04"拖曳到舞台窗口中，效果如图 6-186 所示。选中"红盆"图层的第 224 帧，插入普通帧。

步骤 2 在"时间轴"面板中创建新图层并将其命名为"面粉"。选中"面粉"图层的第 48 帧，插入关键帧。将"库"面板中的图形元件"05"拖曳到舞台窗口中，效果如图 6-187 所示。

步骤 3 在"时间轴"面板中创建新图层并将其命名为"遮罩"。选中"遮罩"图层的第 48 帧，插入关键帧。选择"椭圆"工具，在工具箱中将"笔触颜色"设为无，"填充颜色"设为灰色（#CCCCCC），在舞台窗口中绘制 1 个椭圆，效果如图 6-188 所示。选中"图层 3"的第 36 帧，在该帧上插入关键帧。选中"遮罩"图层的第 72 帧，选择"任意变形"工具，将其调整大小，效果如图6-189所示。

图6-186   图6-187   图6-188   图6-189

步骤 4 用鼠标右键单击"遮罩"图层的第48帧，在弹出的菜单中选择"创建补间形状"命令，生成补间形状动画，如图6-190所示。用鼠标右键单击"遮罩"图层，在弹出的菜单中选择"遮罩层"命令，将"遮罩"图层转换为遮罩层，如图6-191所示。

图6-190   图6-191

步骤 5 在"时间轴"面板中创建新图层并将其命名为"鸡蛋1"。选中"鸡蛋1"图层的第94帧，插入关键帧。将"库"面板中的图形元件"06"拖曳到舞台窗口中，效果如图6-192所示。

步骤 6 选中"鸡蛋1"图层的第118帧，插入关键帧。选择"选择"工具，在舞台窗口中选中"06"实例，按住Shift键的同时将其垂直向下拖曳，效果如图6-193所示。选中"鸡蛋1"图层的第120帧，插入空白关键帧。

步骤 7 用鼠标右键单击"鸡蛋1"图层的第94帧，在弹出的菜单中选择"创建传统补间"命令，生成传统补间动画，如图6-194所示。

图6-192   图6-193   图6-194

步骤 8 在"时间轴"面板中创建新图层并将其命名为"鸡蛋2"。选中"鸡蛋2"图层的第120帧，插入关键帧。单击"时间轴"面板中的"编辑多个帧"按钮，如图6-195所示，此时绘图纸标记范围内的帧上的对象将同时显示在舞台窗口中，效果如图6-196所示。

步骤 9 将"库"面板中的图形元件"07"拖曳到舞台窗口中，效果如图6-197所示。选中"鸡蛋2"图层的第140帧，插入空白关键帧。在"时间轴"面板中创建新图层并将其命名为"鸡蛋3"。选中"鸡蛋3"图层的第140帧，插入关键帧。将"库"面板中的图形元件"08"拖曳到舞台窗口中,效果如图 6-198 所示。选中"鸡蛋 3"图层的第 198 帧,插入空白关键帧。

步骤 10 在"时间轴"面板中创建新图层并将其命名为"搅拌器"。选中"搅拌器"图层的第 198 帧,插入关键帧。将"库"面板中的影片剪辑元件"搅拌器动"拖曳到舞台窗口中,效果如图 6-199 所示。

图 6-195　　　　图 6-196　　　　图 6-197　　　　图 6-198　　　　图 6-199

步骤 11 在"时间轴"面板中创建新图层并将其命名为"面粉"。将"库"面板中的声音文件"09"拖曳到舞台窗口中。在"时间轴"面板中创建新图层并将其命名为"鸡蛋",选中"鸡蛋"图层的第 80 帧,插入关键帧。将"库"面板中的声音文件"10"拖曳到舞台窗口中,"时间轴"面板上的效果如图 6-200 所示。

步骤 12 在"时间轴"面板中创建新图层并将其命名为"动作脚本"。选中"动作脚本"图层的第 224 帧,插入关键帧。选择"窗口 > 动作"命令,弹出"动作"面板,在面板中单击"将新项目添加到脚本中"按钮,在弹出的菜单中选择"全局函数 > 时间轴控制 > stop"命令,在"脚本窗口"中显示出选择的脚本语言,如图 6-201 所示。在"动作脚本"图层的第 224 帧上显示出一个标记"a"。

图 6-200　　　　　　　　　　　　图 6-201

4. 制作烤蛋糕效果

步骤 1 单击"新建元件"按钮,新建影片剪辑元件"动画 2"。将"图层 1"重命名为"微波炉 1"。将"库"面板中的图形元件"11"拖曳到舞台窗口中,效果如图 6-202 所示。选中"微波炉 1"图层的第 48 帧,插入普通帧。

步骤 2 在"时间轴"面板中创建新图层并将其命名为"蛋糕盘 1"。选中"蛋糕盘 1"图层的第 10 帧,插入关键帧。将"库"面板中的图形元件"12"拖曳到舞台窗口中,效果如图 6-203 所示。

步骤 3 选中"蛋糕盘 1"图层的第 36 帧,插入关键帧,选择"任意变形"工具,在舞台窗口中选中"12"实例,按住 Shift 键的同时将其等比缩小并放置到合适的位置,效果如图 6-204 所示。

图 6-202   图 6-203   图 6-204

步骤 4 用鼠标右键单击"蛋糕盘 1"的第 10 帧，在弹出的菜单中选择"创建传统补间"命令，生成传统补间动画，如图 6-205 所示。

步骤 5 在"时间轴"面板中创建新图层并将其命名为"微波炉 2"。选中"微波炉 2"图层的第 50 帧，插入关键帧。单击"时间轴"面板中的"编辑多个帧"按钮，绘图纸标记范围内的帧上的对象将同时显示在舞台中。将"库"面板中的图形元件"13"拖曳到舞台窗口中与"12"实例重合的位置，效果如图 6-206 所示。选中"微波炉 2"图层的第 82 帧，插入普通帧。

步骤 6 在"时间轴"面板中创建新图层并将其命名为"钟表"。选中"钟表"图层的第 84 帧，插入关键帧。将"库"面板中的影片剪辑元件"钟表动"拖曳到舞台窗口中，效果如图 6-207 所示。选中"钟表动"图层的第 173 帧，插入普通帧。

图 6-205   图 6-206   图 6-207

步骤 7 在"时间轴"面板中创建新图层并将其命名为"倒进模子"。将"库"面板中的声音文件"14"拖曳到舞台窗口中。在"时间轴"面板中创建新图层并将其命名为"等一会"。选中"等一会"图层的第 84 帧，插入关键帧。将"库"面板中的声音文件"15"拖曳到舞台窗口中。在"时间轴"面板中创建新图层并将其命名为"时间"。选中"时间"图层的第 90 帧，插入关键帧。将"库"面板中的声音文件"16"拖曳到舞台窗口中，"时间轴"面板上的效果如图 6-208 所示。

步骤 8 在"时间轴"面板中创建新图层并将其命名为"动作脚本"。选中"动作脚本"图层的第 173 帧，插入关键帧。选择"窗口 > 动作"命令，弹出"动作"面板，在面板中单击"将新项目添加到脚本中"按钮，在弹出的菜单中选择"全局函数 > 时间轴控制 > stop"命令，在"脚本窗口"中显示出选择的脚本语言，如图 6-209 所示。在"动作脚本"图层的第 173 帧上显示出一个标记"a"。

步骤 9 单击"新建元件"按钮，新建影片剪辑元件"动画 3"。将"图层 1"重新命名为"蛋糕盘 2"。将"库"面板中的图形元件"17"拖曳到舞台窗口中，效果如图 6-210 所示。选中"蛋糕盘 2"图层的第 38 帧，插入普通帧。

图 6-208

```
1  stop();
```

图 6-209

图 6-210

步骤 10 在"时间轴"面板中创建新图层并将其命名为"热气"。将"库"面板中的图形元件"热气"拖曳到舞台窗口中，效果如图 6-211 所示。选中"热气"图层的第 38 帧，插入关键帧。选择"选择"工具 ▶，在舞台窗口中选中"热气"实例，按住 Shift 键的同时将其垂直向上拖曳，并在图形"属性"面板中选择"色彩效果"选项组，在"样式"选项的下拉列表中选择"Alpha"，将其值设为 0，效果如图 6-212 所示。

步骤 11 用鼠标右键单击"热气"图层的第 1 帧，在弹出的菜单中选择"创建传统补间"命令，生成传统补间动画，如图 6-213 所示。

图 6-211

图 6-212

图 6-213

步骤 12 在"时间轴"面板中创建新图层并将其命名为"各种蛋糕"。选中"各种蛋糕"图层的第 42 帧，插入关键帧。将"库"面板中的图形元件"18"拖曳到舞台窗口中，效果如图 6-214所示。选中"各种蛋糕"图层的第 66 帧，插入关键帧。选中"各种蛋糕"图层的第 42 帧，在舞台窗口中选中"18"实例，在图形"属性"面板中选择"色彩效果"选项组，在"样式"选项的下拉列表中选择"Alpha"，将其值设为 0。

步骤 13 用鼠标右键单击"各种蛋糕"图层的第 42 帧，在弹出的菜单中选择"创建传统补间"命令，生成传统补间动画，如图 6-215 所示。选中"各种蛋糕"图层的第 90 帧，在选中的帧上插入普通帧。

图 6-214

图 6-215

步骤 14 在"时间轴"面板中创建新图层并将其命名为"烤好了"，将"库"面板中的声音文件"19"拖曳到舞台窗口中。

步骤 15 在"时间轴"面板中创建新图层并将其命名为"动作脚本"。选中"动作脚本"图层的第 90 帧，插入关键帧。选择"窗口 > 动作"命令，弹出"动作"面板，在面板中单击"将新项目添加到脚本中"按钮 ，在弹出的菜单中选择"全局函数 > 时间轴控制 > stop"命令，在"脚本窗口"中显示出选择的脚本语言，如图 6-216 所示。在"动作脚本"图层的第 90 帧上显示出一个标记"a"，如图 6-217 所示。

图 6-216

图 6-217

步骤 16 单击舞台窗口左上方的"场景 1"图标 场景 1，进入"场景 1"的舞台窗口。将"图层 1"重命名为"底纹"。将"库"面板中的位图"01"拖曳到舞台窗口中，效果如图 6-218 所示。选中"底纹"图层的第 506 帧，插入普通帧，如图 6-219 所示。

图 6-218

图 6-219

步骤 17 在"时间轴"面板中创建新图层并将其命名为"动画 1"。将"库"面板中的影片剪辑元件"动画 1"拖曳到舞台窗口中，效果如图 6-220 所示。选中"动画 1"图层的第 206 帧，插入空白关键帧。

步骤 18 在"时间轴"面板中创建新图层并将其命名为"动画 2"。选中"动画 2"图层的第 206 帧，插入关键帧。将"库"面板中的影片剪辑元件"动画 2"拖曳到舞台窗口中，选择"任意变形"工具 ，调整大小并放置到适当的位置，效果如图 6-221 所示。选中"动画 2"图层的第 400 帧，插入空白关键帧。

图 6-220

图 6-221

步骤 19 在"时间轴"面板中创建新图层并将其命名为"动画 3"。选中"动画 3"图层的第 400 帧，插入关键帧。将"库"面板中的影片剪辑元件"动画 3"拖曳到舞台窗口中，选择"任意变形"工具 ，调整大小并放置到适当的位置，效果如图 6-222 所示。

步骤 20 在"时间轴"面板中创建新图层并将其命名为"动作脚本"。选中"动作脚本"图层的第 506 帧，插入关键帧。选择"窗口 > 动作"命令，弹出"动作"面板，在面板中单击"将新项目添加到脚本中"按钮，在弹出的菜单中选择"全局函数 > 时间轴控制 > stop"命令，在"脚本窗口"中显示出选择的脚本语言，如图 6-223 所示。在"动作脚本"图层的第 90 帧上显示出一个标记"a"。蛋糕制作片头效果制作完成，按 Ctrl+Enter 组合键即可查看效果，如图 6-224 所示。

图 6-222

图 6-223

图 6-224

6.3.4 【相关工具】

◎绘图纸（洋葱皮）功能

一般情况下，Flash CS4 的舞台中只能显示当前帧中的对象。如果希望在舞台上出现多帧对象以帮助当前帧对象的定位和编辑，Flash CS4 提供的绘图纸（洋葱皮）功能可以将其实现。

在"时间轴"面板下方的按钮的功能如下。

"帧居中"按钮：单击此按钮，播放头所在的帧会显示在时间轴的中间位置。

"绘图纸外观"按钮：单击此按钮，时间轴标尺上出现绘图纸的标记显示，如图 6-225 所示，在标记范围内的帧上的对象将同时显示在舞台中，如图 6-226 所示。可以通过鼠标拖动标记点来增加显示的帧数，如图 6-227 所示。

图 6-225

图 6-226

图 6-227

"绘图纸外观轮廓"按钮：单击此按钮，时间轴标尺上出现绘图纸的标记显示，如图 6-228 所示，在标记范围内的帧上的对象将以轮廓线的形式同时显示在舞台中，如图 6-229 所示。

图 6-228

图 6-229

"编辑多个帧"按钮：单击此按钮，如图 6-230 所示，绘图纸标记范围内的帧上的对象将同时显示在舞台中，可以同时编辑所有的对象，如图 6-231 所示。

"修改绘图纸标记"按钮：单击此按钮，弹出下拉菜单，如图 6-232 所示。

图 6-230   图 6-231   图 6-232

"始终显示标记"命令：选择此命令，在时间轴标尺上总是显示出绘图纸标记。

"锚定绘图纸"命令：选择此命令，将锁定绘图纸标记的显示范围，移动播放头不会改变显示范围，如图 6-233 所示。

"绘图纸 2"命令：绘图纸标记显示范围为当前帧的前 2 帧开始，到当前帧的后 2 帧结束，如图 6-234 所示，图形显示效果如图 6-235 所示。

图 6-233   图 6-234   图 6-235

"绘图纸 5"命令：绘图纸标记显示范围为当前帧的前 5 帧开始，到当前帧的后 5 帧结束，如图 6-236 所示，图形的显示效果如图 6-237 所示。

图 6-236   图 6-237

"所有绘图纸"命令：绘图纸标记显示范围为时间轴中的所有帧，如图 6-238 所示，图形的显示效果如图 6-239 所示。

图 6-238   图 6-239

6.3.5　【实战演练】制作时装节目包装片头

使用"绘图纸外观"按钮确定文字的位置，使用"属性"面板改变元件的颜色，使用文本工

中
等
职
业
教
育
数
字
艺
术
类
规
划
教
材

具添加广告语，使用"创建传统补间"命令制作补间动画，使用"关键帧"命令制作逐帧动画效果。（最终效果参看光盘中的"Ch06 > 效果 > 制作时装节目包装片头"，见图6-240。）

图 6-240

6.4　综合演练——制作公益系列宣传片

使用矩形工具和"颜色"面板制作光晕效果，使用"关键帧"命令制作帧动画效果，使用文本工具添加标题文字，使用"创建传统补间"命令制作补间动画效果，使用声音文件添加背景音乐。（最终效果参看光盘中的"Ch06 > 效果 > 制作公益系列宣传片"，见图6-241。）

图 6-241

6.5　综合演练——制作影视剧片头

使用线条工具制作旧电影效果，使用"属性"面板改变元件的不透明度，使用"帧"命令延长动画的播放时间，使用"创建补间动画"命令制作动画效果。（最终效果参看光盘中的"Ch06 > 效果 > 制作影视剧片头"，见图6-242。）

图 6-242

第7章 网页应用

应用 Flash 技术制作的网页打破了以往静止、呆板的网页形式，它将网页与动画、音效和视频相结合，使其变得丰富多彩并增强了交互性。本章以多个主题的网页为例，介绍网页的设计构思和制作方法。读者通过本章的学习可以掌握网页设计的要领和技巧，从而制作出不同风格的网页作品。

 课堂学习目标

- 了解网页的表现手法
- 掌握网页的设计思路和流程
- 掌握网页的制作方法和技巧

7.1 制作化妆品网页

7.1.1 【案例分析】

化妆品网页主要是对化妆品的产品系列和功能特色进行生动的介绍，其中包括图片和详细的文字讲解。网页的设计上力求表现出化妆品的产品特性，营造出淡雅的时尚文化品位。

7.1.2 【设计理念】

在设计制作过程中，整体界面颜色以明度高的基调为主，表现出恬静的氛围。界面背景以时尚简洁的插画来衬托，使界面的文化感和设计感更强。制作的标签栏能很好地和化妆品产品进行呼应，在设计理念上强化了产品的性能和特点。Flash 制作的网页布局也让宁静的色彩奔放起来，散射出令人陶醉的青春气息。（最终效果参看光盘中的"Ch07 > 效果 > 制作化妆品网页"，见图 7-1。）

图 7-1

7.1.3 【操作步骤】

1. 导入图片并绘制标签

步骤 1 选择"文件 > 新建"命令，在弹出的"新建文档"对话框中选择"Flash 文件"选项，单击"确定"按钮，进入新建文档舞台窗口。按 Ctrl+F3 组合键弹出文档"属性"面板，单击面板中的"编辑"按钮 编辑...，弹出"文档属性"对话框，将"宽度"选项设为 650，"高度"选项设为 400，"背景颜色"选项设为黑色，单击"确定"按钮，改变舞台窗口的大小。

步骤 2 在"属性"面板中单击"配置文件"选项右侧的"编辑"按钮 编辑...，弹出"发布设置"对话框，选择"版本"选项下拉列表中的"Flash Player 10"，如图 7-2 所示，单击"确定"按钮完成设置。

步骤 3 选择"文件 > 导入 > 导入到库"命令，在弹出的"导入到库"对话框中选择"Ch17 > 素材 > 化妆品网页 > 01、02、03、04、05、06"文件，单击"打开"按钮，文件被导入到"库"面板中，如图 7-3 所示。

步骤 4 在"库"面板下方单击"新建元件"按钮 ，弹出"创建新元件"对话框，在"名称"选项的文本框中输入"标签"，在"类型"选项的下拉列表中选择"图形"，单击"确定"按钮，新建图形元件"标签"，如图 7-4 所示，舞台窗口也随之转换为图形元件的舞台窗口。

图 7-2

图 7-3

图 7-4

步骤 5 选择"窗口 > 颜色"命令，弹出"颜色"面板，将"笔触颜色"设为白色，"填充颜色"设为绿色（#20B7B9），如图 7-5 所示。选择"矩形"工具 ，在矩形"属性"面板中进行设置，如图 7-6 所示。在舞台窗口中绘制 1 个圆角矩形，效果如图 7-7 所示。

步骤 6 选择"选择"工具 ，框选圆角矩形的下部，按 Delete 键删除，效果如图 7-8 所示。单击"新建元件"按钮 ，新建按钮元件"按钮"。选中"图层 1"的"点击"帧，插入关键帧。将"库"面板中的图形元件"标签"拖曳到舞台窗口中，效果如图 7-9 所示。

步骤 7 在舞台窗口中选中"标签"实例，按 Ctrl+B 组合键将其打散，选择"选择"工具 ，双击边线将其选中，如图 7-10 所示。按 Delete 键将其删除，效果如图 7-11 所示。

图 7-5

图 7-6　　　　　　图 7-7　　　　图 7-8　　　　图 7-9　　　　图 7-10　　　　图 7-11

2. 制作影片剪辑

步骤 `1` 单击"新建元件"按钮，新建影片剪辑元件"产品介绍"。将"图层 1"重新命名为"彩色按钮"。将"库"面板中的图形元件"标签"拖曳到舞台窗口中，如图 7-12 所示。选择"选择"工具，按住 Alt+Shift 组合键的同时向右拖曳"标签"实例，复制实例，如图 7-13 所示。按 Ctrl+Y 组合键两次再次复制 2 组，效果如图 7-14 所示。

图 7-12　　　　　　　图 7-13　　　　　　　　　　　　图 7-14

步骤 `2` 选中第 2 个"标签"实例，按 Ctrl+B 组合键将其打散，在工具箱中将"填充颜色"设为橙色（#FF9446），舞台窗口中的效果如图 7-15 所示。

步骤 `3` 用步骤 2 的方法对其他"标签"实例进行操作，将第 3 个标签的"填充颜色"设为紫色（#A81CA6），将第 4 个标签的"填充颜色"设为深红色（#9A033F），效果如图 7-16 所示。选中"彩色按钮"图层的第 4 帧，在该帧上插入普通帧。

图 7-15　　　　　　　　　　　图 7-16

步骤 `4` 单击"时间轴"面板下方的"新建图层"按钮，创建新图层并将其命名为"彩色块"。选择"矩形"工具，在矩形"属性"面板中将"笔触颜色"设为白色，"填充颜色"设为绿色（#20B7B9），"笔触"选项设为 3，其他选项的设置如图 7-17 所示。在舞台窗口中绘制 1 个圆角矩形，效果如图 7-18 所示。分别选中"彩色块"图层的第 2 帧、第 3 帧、第 4 帧，插入关键帧。

步骤 `5` 选中"彩色块"图层的第 1 帧，选择"橡皮擦"工具，在工具箱下方的"橡皮擦模式"选项组中选择"擦除线条"选项，将矩形与第 1 个标签重合部分擦除，效果如图 7-19 所示。

图 7-17

图 7-18

图 7-19

步骤 6 选中"彩色块"图层的第 2 帧，选择"选择"工具 ，在舞台窗口中选中圆角矩形，将其"填充颜色"设成与第 2 个标签颜色相同，如图 7-20 所示。选择"橡皮擦"工具 ，将矩形与第 2 个标签重合部分擦除，效果如图 7-21 所示。

步骤 7 用步骤 6 的方法分别对"彩色块"图层的第 3 帧、第 4 帧进行操作，将各帧对应舞台窗口中的矩形颜色设成与第 3 个、第 4 个标签颜色相同，并将各矩形与对应标签重合部分的线段删除，效果如图 7-22 所示。

图 7-20   图 7-21   图 7-22

步骤 8 在"时间轴"面板中创建新图层并将其命名为"按钮"。将"库"面板中的按钮元件"按钮"向舞台窗口中拖曳 4 次，分别与各彩色标签重合，效果如图 7-23 所示。

步骤 9 选中第 1 个按钮，选择"窗口 > 动作"命令，弹出"动作"面板，在动作面板中设置脚本语言（脚本语言的具体设置可以参考附带光盘中的实例原文件），"脚本窗口"中显示的效果如图 7-24 所示。用相同的方法对其他按钮设置脚本语言，只需将脚本语言"gotoAndStop"后面括号中的数字改成相应的帧数即可

步骤 10 在"时间轴"面板中创建新图层并将其命名为"产品介绍"。分别选中"产品介绍"图层的第 2 帧、第 3 帧、第 4 帧，插入关键帧。选中"产品介绍"图层的第 1 帧，将"库"面板中的图形元件"元件 2"拖曳到舞台窗口中，效果如图 7-25 所示。

图 7-23

图 7-24

图 7-25

步骤 11 选中"产品介绍"图层的第 2 帧,将"库"面板中的图形元件"元件 3"拖曳到舞台窗口中,效果如图 7-26 所示。选中"产品介绍"图层的第 3 帧,将"库"面板中的图形元件"元件 4"拖曳到舞台窗口中,效果如图 7-27 所示。选中"产品介绍"图层的第 4 帧,将"库"面板中的图形元件"元件 5"拖曳到舞台窗口中,效果如图 7-28 所示。

图 7-26

图 7-27

图 7-28

步骤 12 在"时间轴"面板中创建新图层并将其命名为"花纹边"。选中"花纹边"图层的第 1 帧,将"库"面板中的图形元件"元件 6"拖曳到舞台窗口中,选择"任意变形"工具,调整其大小并放置到适当的位置,效果如图 7-29 所示。

步骤 13 在"时间轴"面板中创建新图层并将其命名为"动作脚本"。选中"动作脚本"图层的第 1 帧,选择"窗口 > 动作"命令,弹出"动作"面板,在动作面板中设置脚本语言,"脚本窗口"中显示的效果如图 7-30 所示。设置好动作脚本后,关闭"动作"控制面板,在"动作脚本"图层的第 1 帧上显示出一个标记"a"。

图 7-29

```
1   stop();
2
```

图 7-30

步骤 14 单击舞台窗口左上方的"场景 1"图标,进入"场景 1"的舞台窗口。将"图层 1"重新命名为"底图"。将"库"面板中的位图"01"拖曳到舞台窗口中,效果如图 7-31 所示。

步骤 15 在"时间轴"面板中创建新图层并将其命名为"产品介绍"。将"库"面板中的影片剪辑"产品介绍"拖曳到舞台窗口中,效果如图 7-32 所示。化妆品网页效果制作完成,按 Ctrl+Enter 组合键即可查看效果。

图 7-31

图 7-32

边做边学——Flash CS4 动漫制作案例教程

中等职业教育数字艺术类规划教材

7.1.4 【相关工具】

◎按钮事件

新建空白文档，选择"文件 > 打开"命令，在弹出的"打开"对话框中选择"基础素材 > Ch07 > 按钮"文件，单击"打开"按钮文件被打开，如图 7-33 所示。

选择"选择"工具，在舞台窗口中选中按钮实例，选择"窗口 > 动作"命令，弹出"动作"面板，在面板的左上方将脚本语言版本设置为"ActionScript 1.0&2.0"，在面板中单击"将新项目添加到脚本中"按钮，在弹出的菜单中选择"全局函数 > 时间轴控制 > on"命令，如图 7-34 所示。

图 7-33

图 7-34

在"脚本窗口"中显示出选择的脚本语言，在下拉列表中列出了多种按钮事件，如图 7-35 所示。

图 7-35

press（按下）：按钮被按下的事件。

release（弹起）：按钮被按下后，弹起时的动作，即鼠标按键被释放时的事件。

releaseOutside（在按钮外放开）：将按钮按下后，移动鼠标指针到按钮外面，然后再释放鼠标的事件。

rollOver（指针经过）：鼠标指针经过目标按钮时的事件。

rollOut（指针离开）：鼠标指针进入目标按钮，然后再离开的事件。

dragOver（拖曳指向）：第 1 步，选中按钮，并按住鼠标左键不放；第 2 步，继续按住鼠标左键并拖曳鼠标到按钮的外面；第 3 步，将鼠标指针再移回到按钮上。

dragOut（拖曳离开）：单击按钮后，按住鼠标左键不放，然后拖曳离开按钮的事件。

178

keyPress（键盘按下）：当按下键盘上的键时事件发生。在下拉列表中系统设置了多个键盘按键名称，可以根据需要进行选择。

7.1.5　【实战演练】制作房地产网页

使用"新建元件"命令创建按钮元件，使用"创建补间动画"命令制作色块动画效果，使用"动作"面板添加脚本语言（最终效果参看光盘中的"Ch07 > 效果 > 制作房地产网页"，见图7-36。）

图 7-36

7.2　制作会员登录页面

7.2.1　【案例分析】

本例是为星座奇缘网设计的会员登录界面，网站会员可以浏览更多的测试题目，了解更多的星座知识和运势。网页的设计上力求表现出网站丰富的星座知识，营造出温馨雅致的氛围。

7.2.2　【设计理念】

在设计制作过程中，蓝绿色的渐变背景显得温和洗练，营造出淡雅柔和的氛围。星形、翅膀、心形、绿叶、标签等装饰图形的添加，为画面添加了活泼的气息，给人浪漫和幸福感。导航栏的结构清晰明确，显示出网站丰富的内容。银白色的背景上添加登录信息，大方直观，让人印象深刻。（最终效果参看光盘中的"Ch07 > 效果 > 制作会员登录页面"，见图7-37。）

图 7-37

7.2.3　【操作步骤】

步骤 1 选择"文件 > 新建"命令，在弹出的"新建文档"对话框中选择"Flash 文件"选项，单击"确定"按钮，进入新建文档舞台窗口。按 Ctrl+F3 组合键弹出文档"属性"面板，单击面板中的"编辑"按钮 编辑... ，弹出"文档属性"对话框，将"宽度"选项设为800，"高度"选项设为550，单击"确定"按钮，改变舞台窗口的大小。

步骤 2 在"属性"面板中单击"配置文件"选项右侧的"编辑"按钮 编辑... ，弹出"发布设置"对话框，选择"版本"选项下拉列表中的"Flash Player 10"，如图7-38所示，单击"确定"按钮完成设置。

步骤 3 选择"文件 > 导入 > 导入到库"命令，在弹出的"导入到库"对话框中选择"Ch07 > 素材 >制作会员登录页面 > 成功页、错误页、登录页"文件，单击"打开"按钮文件被导入"库"面板中，如图 7-39 所示。

步骤 **4** 在"库"面板下方单击"新建元件"按钮，在"名称"选项的文本框中输入"确定"，在"类型"选项下拉列表中选择"按钮"选项，单击"确定"按钮，新建按钮元件"确定"，如图 7-40 所示。舞台窗口也随之转换为按钮元件的舞台窗口。

图 7-38　　　　　　　　　　图 7-39　　　　　　　　图 7-40

步骤 **5** 选择"窗口 > 颜色"命令，弹出"颜色"面板，单击"笔触颜色"按钮，将其设为浅灰色（#BBBBBB），单击"填充颜色"按钮，在"类型"选项的下拉列表中选择"线性"。在色带上将左边的颜色控制点设为灰色（#999999），将右边的颜色控制点设为浅灰色（#EAEAEA），生成渐变色，如图 7-41 所示。

步骤 **6** 选择"矩形"工具，在"属性"面板中进行设置，如图 7-42 所示。在舞台窗口中绘制 1 个圆角矩形，选择"渐充变形"工具，选中矩形填充部分将其旋转变形，效果如图 7-43 所示。选中矩形，在形状"属性"面板中将"宽"和"高"分别设为 52、15。

图 7-41　　　　　　　　　图 7-42　　　　　　　　　图 7-43

步骤 **7** 选择"线条"工具，在线条工具"属性"面板中将"笔触颜色"设为白色，"笔触"选项设为 3，其他选项的设置如图 7-44 所示。在舞台窗口中绘制 1 条直线，效果如图 7-45 所示。

步骤 **8** 选择"文本"工具，在文本工具"属性"面板中进行设置，在舞台窗口中适当的位置输入大小为 12，字体为"方正隶书简体"的深灰色（#666666）文字，文字效果如图 7-46 所示。

| 图 7-44 | 图 7-45 | 图 7-46 |

步骤 9 选中"图层 1"的"指针经过"帧，插入关键帧。选中矩形的填充部分，在"颜色"面板中在色带上将左边的控制点设为蓝色（#51A6F9），舞台窗口中的效果如图 7-47 所示。用相同的方法制作按钮元件"清除"和"返回"，如图 7-48 所示。

步骤 10 单击舞台窗口左上方的"场景 1"图标，进入"场景 1"的舞台窗口。将"图层 1"重命名为"底图"。将"库"面板中的位图"登录页"拖曳到舞台窗口中，如图 7-49 所示。

| 图 7-47 | 图 7-48 | 图 7-49 |

步骤 11 选择"矩形"工具，在矩形"属性"面板中，将"笔触颜色"设为无，"填充颜色"设为浅蓝色（#AAE2EA）。在舞台窗口中绘制 2 个矩形，效果如图 7-50 所示。

步骤 12 选择"文本"工具，在文本工具"属性"面板中进行设置，分别在舞台窗口中适当的位置输入大小为 15，字体为"黑体"的黑色文字，文字效果如图 7-51 所示。

| 图 7-50 | 图 7-51 |

步骤 13 分别将"库"面板中的按钮元件"确认"和"清除"拖曳到舞台窗口中，并放置到合适的位置，效果如图 7-52 所示。选择"选择"工具，在舞台窗口中选择"确认"实例，选择"窗口 > 动作"命令，弹出"动作"面板，在动作面板中设置脚本语言（脚本语言的具体设置可以参考附带光盘中的实例原文件），"脚本窗口"中显示的效果如图 7-53 所示。

图 7-52　　　　　　　　　　　　　　　　　图 7-53

步骤 14 在舞台窗口中选择"清除"实例，在"动作"面板中设置脚本语言，"脚本窗口"中显示的效果如图 7-54 所示，设置完动作脚本后关闭"动作"面板。单击"时间轴"面板下方的"新建图层"按钮 ，创建新图层并将其命名为"输入文本框"。

步骤 15 选中"清除"实例，单击"时间轴"面板下方的"插入图层"按钮 创建新图层，并将其命名为"输入文本框"。选择"文本"工具 ，调出文本工具"属性"面板中，在"文本类型"选项下拉列表中选择"输入文本"，其他选项的设置如图 7-55 所示。在舞台窗口中绘制 2 个文本框，效果如图 7-56 所示。

图 7-54　　　　　　　　　图 7-55　　　　　　　　　图 7-56

步骤 16 选中"用户名"后面的文本框，在输入文本"属性"面板中选择"选项"选项组，在"变量"选项文本框中输入"yonghuming"，如图 7-57 所示。

步骤 17 选中"密码"后面的文本框，在输入文本"属性"面板中选择"段落"选项组，在"行为"选项的下拉列表中选择"密码"。在"选项"选项组中的"变量"选项文本框中输入"mima"，如图 7-58 所示。

图 7-57　　　　　　　　　　　图 7-58

步骤 18 选中"输入文本框"图层的第 1 帧，选择"窗口 > 动作"命令，弹出"动作"面板，在面板中单击"将新项目添加到脚本中"按钮 ，在弹出的菜单中选择"全局函数 > 时间轴控制 > stop"命令，如图 7-59 所示。在"脚本窗口"中显示出选择的脚本语言，如图 7-60

所示。设置好动作脚本后，关闭"动作"面板。在"输入文本框"图层的第 1 帧上显示出一个标记"a"。

图 7-59　　　　　　　　　　　　　　　　图 7-60

步骤 19 在"时间轴"面板中创建新图层并将其命名为"密码错误页"。选中"密码错误页"图层的第 2 帧，插入关键帧。分别将"库"面板中的位图"错误页"和按钮元件"返回"拖曳到舞台窗口中，效果如图 7-61 所示。

步骤 20 在舞台窗口中选择"返回"实例，选择"窗口 > 动作"命令，弹出"动作"面板，在"动作"面板中设置脚本语言，"脚本窗口"中显示的效果如图 7-62 所示。

步骤 21 选中"密码错误页"图层的第 2 帧，在"动作"面板中单击"将新项目添加到脚本中"按钮 ，在弹出的菜单中选择"全局函数 > 时间轴控制 > stop"命令，在"脚本窗口"中显示出选择的脚本语言，如图 7-63 所示。设置完动作脚本后，关闭"动作"面板。在"密码错误页"图层的第 2 帧上显示出一个标记"a"。

图 7-61　　　　　　　　　　　图 7-62　　　　　　　　　图 7-63

步骤 22 在"时间轴"面板中创建新图层并将其命名为"密码正确页"。选中"密码正确页"图层的第 3 帧，插入关键帧。将"库"面板中的位图"成功页"拖曳到舞台窗口中，效果如图 7-64 所示。选中"密码正确页"图层的第 3 帧，在"动作"面板中单击"将新项目添加到脚本中"按钮 ，在弹出的菜单中选择"全局函数 > 时间轴控制 > stop"命令，在"脚本窗口"中显示出选择的脚本语言，如图 7-65 所示。设置完动作脚本后，关闭"动作"面板。在"密码正确页"图层的第 3 帧上显示出一个标记"a"。会员登录页面制作完成，按 Ctrl+Enter 组合键即可查看效果。

图 7-64   图 7-65

7.2.4 【相关工具】

1. 输入文本

选择"输入文本"选项，"属性"面板如图 7-66 所示。

"将文本呈现为 HTML"按钮 ：文本支持 HTML 标签特有的字体格式、超链接等超文本格式。

"行为"选项：其中新增加了"密码"选项，选择此选项后，当文件输出为 SWF 格式时，影片中的文字将显示为星号。

"在文本周围显示边框"按钮：可以为文本设置白色的背景和黑色的边框。

"变量"选项：可以将该文本框定义为保存字符串数据的变量，此选项需结合动作脚本使用。

"最大字符数"选项：可以设置输入文字的最多数值，默认值为 0，即为不限制。如设置数值，此数值即为输出 SWF 影片时，显示文字的最多数目。

图 7-66

2. 添加使用命令

步骤 1 新建空白文档。选择"文件 > 导入 > 导入到库"命令，将"01"文件导入到"库"面板中。选择"矩形"工具，在矩形"属性"面板中将"笔触颜色"设为深红色（#E40101），"填充颜色"设为白色，"笔触"选项设为 3，其他选项的设置如图 7-67 所示。在舞台窗口中绘制 1 个圆角矩形，效果如图 7-68 所示。

步骤 2 选择"文本"工具，调出文本工具"属性"面板，在"文本类型"选项的下拉列表中选择"动态文本"，其他选项的设置如图 7-69 所示。

步骤 3 在舞台窗口中拖曳出长的文本框，输入文字"输入密码"，效果如图 7-70 所示。选择"选择"工具，在舞台窗口中选择文本框，在动态文本"属性"面板中的"实例名称"文本框中输入"info"，如图 7-71 所示。

步骤 4 单击舞台窗口的任意地方，取消对动态文本的选择。选择"文本"工具，在文本工具"属性"面板中的"文本类型"选项的下拉列表中选择"输入文本"，其他选项值不变，在文字"输入密码"的下方拖曳出一个文本框，效果如图 7-72 所示。

图 7-67　　　　　　　　　图 7-68　　　　　　　　　图 7-69

图 7-70　　　　　　　　　图 7-71　　　　　　　　　图 7-72

步骤 5 选择"选择"工具 ，选中刚拖曳出的文本框，在文本工具"属性"面板中的"实例名称"文本框中输入"secret"，选择"段落"选项组，在"行为"选项的下拉列表中选择"密码"。单击"在文本周围显示边框"按钮 ，如图 7-73 所示。

步骤 6 按 Ctrl+F8 组合键，弹出"创建新元件"对话框，在"名称"选项的文本框中输入"确定"，在"类型"选项下拉列表中选择"按钮"选项，单击"确定"按钮，新建按钮元件"确定"，舞台窗口也随之转换为按钮元件的舞台窗口。选择"矩形"工具 ，在工具"属性"面板中将"笔触颜色"设为黄色（#FFCC00），"填充颜色"设为亮绿色（#7DFFFF），"笔触"选项设为 2，其他选项的设置如图 7-74 所示。在舞台窗口中绘制 1 个圆角矩形，效果如图7-75 所示。

图 7-73　　　　　　　　　图 7-74　　　　　　　　　图 7-75

步骤 7 选择"文本"工具 ，在文本工具"属性"面板中进行设置，在"文本类型"选项的下拉列表中选择"静态文本",在舞台窗口中适当的位置输入大小为 34,字体为"汉仪中隶书简"的黑色文字,文字效果如图 7-76 所示。

步骤 8 选中"图层 1"的"指针经过"帧,插入关键帧。选择"选择"工具 ，在舞台窗口中选择"确定"文字,在工具箱中将"填充颜色"设为红色(#D52424),文字颜色也随之改变,舞台中的效果如图 7-77 所示。单击舞台窗口左上方的"场景 1"图标 场景1，进入"场景 1"的舞台窗口。将"库"面板中的按钮元件"确定"拖曳到舞台窗口中,效果如图 7-78 所示。

图 7-76 图 7-77 图 7-78

步骤 9 选择"窗口 > 动作"命令,弹出"动作"面板(其快捷键为 F9 键),在面板的左上方将脚本语言版本设置为"ActionScript 1.0&2.0",在"脚本窗口"中设置以下脚本语言:

```
on (release) {
    if(secret.text=="rr")            //其中"rr"表示输入的正确密码信息
    {gotoAndPlay(2);}
else
{secret.text="";
times=times-1;
info.text="密码错误! 还有"+times+"次机会的";
}
    if(times==0) gotoAndStop(3);
}
```

"动作"面板中的效果如图 7-79 所示。

图 7-79

步骤 10 分别选中"图层 1"图层的第 2 帧、第 3 帧,插入空白关键帧,选中第 2 帧,将"库"

面板中的位图"01"拖曳到舞台窗口中，效果如图7-80所示。选中第3帧，选择"文本"工具 T，在文本工具"属性"面板中进行设置，在"文本类型"选项的下拉列表中选择"静态文本"，在舞台窗口中适当的位置输入大小为34，字体为"汉仪中隶书简"的黑色文字，文字效果如图7-81所示。

步骤11 选中"图层1"的第1帧，选择"窗口 > 动作"命令，弹出"动作"面板，在"脚本窗口"中设置以下脚本语言：

```
stop( );
var times=5;
```

"动作"面板中的效果如图7-82所示。

图 7-80　　　　　　　　　　图 7-81　　　　　　　　　　图 7-82

步骤12 选中"图层1"的第2帧，在"脚本窗口"中设置脚本语言，效果如图7-83所示。选中"时间轴"面板中的第3帧，在"脚本窗口"中设置脚本语言，效果如图7-84所示。"时间轴"面板中的效果如图7-85所示。

图 7-82　　　　　　　　　　图 7-83　　　　　　　　　　图 7-85

步骤13 按 Ctrl+Enter 组合键即可查看动画效果。在动画开始界面的密码框中输入密码，效果如图7-86所示。当密码输入正确时，可以看"01"，效果如图7-87所示。当密码输入错误时，会出现提醒语句，效果如图7-88所示。

此动画设定5次重新输入密码的机会，当5次都输入错误时，会出现提示语句，表示已经不能再重新输入密码，效果如图7-89所示。

图 7-86　　　　　　图 7-87　　　　　　图 7-88　　　　　　图 7-89

7.2.5 【实战演练】制作 VIP 登录界面

使用文本工具创建输入文本框，使用"新建元件"命令按钮元件，使用脚本语言控制页面的变化，使用矩形工具和"颜色"面板制作按钮图形。（最终效果参看光盘中的"Ch07 > 效果 > 制作 VIP 登录界面"，见图7-90。）

图 7-90

7.3 综合演练——制作精品购物网页

使用椭圆工具绘制按钮图形，使用文本工具输入文字，使用影片剪辑制作按钮变化效果，使用"传统补间"命令制作补间画效果。（最终效果参看光盘中的"Ch07 > 效果 > 制作精品购物网页"，见图7-91。）

图 7-91

7.4 综合演练——制作咖啡网页

使用椭圆工具绘制按钮图形，使用"创建动作补间动画"命令制作按钮变化效果，使用文本工具创建输入文本框，使用脚本语言控制页面的变化。（最终效果参看光盘中的"Ch07 > 效果 > 制作咖啡网页"，见图7-92。）

图 7-92

第8章 组件与游戏

在 Flash CS4 中，系统预先设定了组件、幻灯片、引导层等功能来协助用户制作动画，从而提高制作效率。本章将分别介绍组件、幻灯片和引导层的分类及使用方法。读者通过本章的学习，可以了解并掌握如何应用系统的自带功能高效地完成教学课件、幻灯片和游戏的制作。

 课堂学习目标

- 了解教学课件和游戏的表现手法
- 掌握教学课件和游戏的设计思路和流程
- 掌握教学课件和游戏的制作方法和技巧

8.1 制作百科知识问答

8.1.1 【案例分析】

本例的百科知识问答是一种新型的网络信息交流服务平台，它以互动的形式提供向他人请教、回答提问及分享个人知识的服务。

8.1.2 【设计理念】

在设计制作过程中，整体界面颜色以高明度的基调为主，表现出恬静的氛围。使用植物和动物图片点明主题，揭示出问答题目与自然界有关。通过制作好的问答题目选项和按钮来点明设计的主题，完成交互设计。（最终效果参看光盘中的"Ch08 > 效果 > 制作百科知识问答"，见图 8-1。）

图 8-1

8.1.3 【操作步骤】

1. 导入图形元件

步骤 1 选择"文件 > 新建"命令，在弹出的"新建文档"对话框中选择"Flash 文件"选项，单击"确定"按钮，进入新建文档舞台窗口。按 Ctrl+F3 组合键，弹出文档"属性"面板，单击面板中的"编辑"按钮 编辑... ，弹出"文档属性"对话框，将"宽度"选项设为 450，"高度"选项设为 344，"背景颜色"选项设为灰色（#CCCCCC），单击"确定"按钮，改变舞台窗口的大小。

步骤 2 在"属性"面板中单击"配置文件"选项右侧的"编辑"按钮 编辑... ，弹出"发布设置"对话框，选择"版本"选项下拉列表中的"Flash Player 10"，如图 8-2 所示，单击"确定"按钮完成设置。

步骤 3 将"图层 1"重命名为"底图"。选择"文件 > 导入 > 导入到舞台"命令，在弹出的"导入"对话框中选择"Ch08 > 素材 > 百科知识问答 >01"文件，单击"打开"按钮，文件被导入到舞台窗口中。选择"选择"工具 ，在舞台窗口中选择图片，在位图"属性"面板中将"X"和"Y"的选项分别设为 0，如图 8-3 所示。将图片放置在舞台窗口的中心位置，效果如图 8-4 所示。选中"底图"图层的第 3 帧，插入普通帧。

图 8-2

图 8-3

图 8-4

步骤 4 按 Ctrl+F8 组合键，弹出"创建新元件"对话框，在"名称"选项的文本框中输入"箭头"，在"类型"选项下拉列表中选择"按钮"选项，如图 8-5 所示，单击"确定"按钮，新建按钮元件"箭头"。舞台窗口也随之转换为按钮元件的舞台窗口。

步骤 5 选择"文本"工具 ，在文本工具"属性"面板中进行设置，在舞台窗口中适当的位置输入大小为 12，字体为"方正大黑简体"的白色文字，文字效果如图 8-6 所示。

步骤 6 选择"文件 > 导入 > 导入到舞台"命令，在弹出的"导入"对话框中选择"Ch12 > 素材 > 百科知识问答 >02"文件，单击"打开"按钮，文件被导入到舞台窗口中。选择"任意变形"工具 ，在舞台窗口中选择图片，调整图像大小并拖曳到适当的位置，效果如图 8-7 所示

图 8-5

图 8-6

图 8-7

2. 添加动作脚本

步骤 1 单击舞台窗口左上方的"场景1"图标 场景1，进入"场景1"的舞台窗口。在"时间轴"面板中创建新图层并将其命名为"箭头按钮"，如图8-8所示。将"库"面板中的按钮元件"箭头"拖曳到舞台窗口中，放置在底图的右下角，效果如图8-9所示。

图8-8 　　　　　　　　　　　　图8-9

步骤 2 选中"箭头按钮"图层的第2帧、第3帧，插入关键帧，如图8-10所示。选中"箭头按钮"图层的第1帧，选择"选择"工具，在舞台窗口中选择"箭头"实例，选择"窗口 > 动作"命令，弹出"动作"面板，在"动作"面板的"脚本窗口"中输入脚本语言，"动作"面板中的效果如图8-11所示。

步骤 3 选中第2帧，选中舞台窗口中的"箭头"实例，在"动作"面板的"脚本窗口"中输入脚本语言，"动作"面板中的效果如图8-12所示。选中第3帧，选中舞台窗口中的"箭头"实例，在"动作"面板的"脚本窗口"中输入脚本语言，"动作"面板如图8-13所示。

图8-10 　　　　　 图8-11 　　　　　 图8-12 　　　　　 图8-13

步骤 4 在"时间轴"面板中创建新图层并将其命名为"问题"。选择"文本"工具，在文本工具"属性"面板中进行设置，在舞台窗口中适当的位置输入大小为24、字体为"方正大黑简体"的深绿色（#013E05）文字，文字效果如图8-14所示。再次在舞台窗口中输入大小为16、字体为"黑体"的深绿色（#013E05）文字，文字效果如图8-15所示。输入大小为15、字体为"汉仪竹节体简"的黑色文字，文字效果如图8-16所示。

图8-14 　　　　　　 图8-15 　　　　　　 图8-16

步骤 5 调出文本工具"属性"面板，在"文本类型"选项的下拉列表中选择"动态文本"，如图8-17所示。在舞台窗口中文字"答案"的右侧拖曳出一个动态文本框，效果如图8-18所示。选中动态文本框，调出动态文本"属性"面板，在"选项"选项组中的"变量"文本框中输入"answer"，如图 8-19 所示。

图 8-17　　　　　　　　图 8-18　　　　　　　　图 8-19

步骤 6 分别选中"问题"图层的第 2 帧和第 3 帧，插入关键帧。选中第 2 帧，将舞台窗口中的文字"1、世界四大洋中面积最小的是？"更改为"2、峨眉山位于我国哪个省份？"效果如图 8-20 所示。

步骤 7 选中"问题"图层的第 3 帧，将舞台窗口中文字"1、世界四大洋中面积最小的是？"更改为"3、我国面积最大的湖泊是？"效果如图 8-21 所示。在"时间轴"中创建新图层并将其命名为"答案"，如图 8-22 所示。

图 8-20　　　　　　　　图 8-21　　　　　　　　图 8-22

3. 添加组件

步骤 1 选择"窗口 > 组件"命令，弹出"组件"面板，选中"User Interface"组中的"Butto"组件，如图 8-23 所示。将"Button"组件拖曳到舞台窗口中，并放置在适当的位置，效果如图 8-24 所示。

步骤 2 选中"Button"组件，选择"窗口 > 组件检查器"命令，弹出"组件"检查器面板，在"组件检查器"面板中进行设置，如图 8-25 所示，效果如图 8-26 所示。

步骤 3 选中"Button"组件，选择"窗口 > 动作"命令，弹出"动作"面板，在"动作"面板的"脚本窗口"中输入脚本语言，"动作"面板中的效果如图 8-27 所示。选中"答案"图层的第 2 帧、第 3 帧，插入关键帧。

图 8-23　　　　　　　　图 8-24

图 8-25

图 8-26

图 8-27

步骤 4 选中"答案"图层的第1帧，在"组件"面板中，选中"User Interface"组中的"CheckBox"组件 ⊠，如图 8-28 所示。将"CheckBox"组件拖曳到舞台窗口中，并放置在适当的位置，效果如图 8-29 所示。

步骤 5 选中"CheckBox"组件，选择"窗口 > 组件检查器"命令，弹出"组件"检查器面板。在"组件检查器"面板中进行设置，如图 8-30 所示，效果如图 8-31 所示。

图 8-28

图 8-29

图 8-30

图 8-31

步骤 6 选中"CheckBox"组件，选择组件"属性"面板，在"实例名称"选项的文本框中输入"taipingyang"，如图 8-32 所示。用相同的方法再拖曳舞台窗口中1个"CheckBox"组件，选择组件"属性"面板，在"实例名称"选项的文本框中输入"daxiyang"，如图 8-33 所示。调出"组件检查器"面板，在"label"选项的文本框中输入"大西洋"，如图 8-34 所示。

图 8-32

图 8-33

图 8-34

步骤 7 再拖曳舞台窗口中 1 个"CheckBox"组件,选择组件"属性"面板,在"实例名称"选项的文本框中输入"beibingyang",如图 8-35 所示。调出"组件检查器"面板,在"label"选项的文本框中输入"北冰洋",如图 8-36 所示,舞台窗口中组件的效果如图 8-37 所示。

图 8-35　　　　　　图 8-36　　　　　　图 8-37

步骤 8 在舞台窗口中选中组件"太平洋",在"动作"面板的"脚本窗口"中输入脚本语言,"动作"面板中的效果如图 8-38 所示。在舞台窗口中选中组件"大西洋",在"动作"面板的"脚本窗口"中输入脚本语言,"动作"面板中的效果如图 8-39 所示。在舞台窗口中选中"北冰洋",在"动作"面板的"脚本窗口"中输入脚本语言,"动作"面板中的效果如图 8-40 所示。

图 8-38　　　　　　图 8-39　　　　　　图 8-40

步骤 9 选中"问题"图层的第 2 帧,将"组件"面板中的"CheckBox"组件🗙拖曳到舞台窗口中。选择组件"属性"面板,在"实例名称"选项的文本框中输入"sichuan",如图 8-41 所示。调出"组件检查器"面板,在"label"选项的文本框中输入"四川",如图 8-42 所示。

步骤 10 再拖曳舞台窗口中 1 个"CheckBox"组件,选择组件"属性"面板,在"实例名称"选项的文本框中输入"yunnan",如图 8-43 所示。调出"组件检查器"面板,在"label"选项的文本框中输入"云南",如图 8-44 所示。

图 8-41　　　　　　图 8-42　　　　　　图 8-43　　　　　　图 8-44

步骤 11 再拖曳舞台窗口中 1 个"CheckBox"组件,选择组件"属性"面板,在"实例名称"选项的文本框中输入"guizhou",如图8-45所示。调出"组件检查器"面板,在"label"选项的文本框中输入"贵州",如图8-46所示,舞台窗口中组件的效果如图8-47所示。

图8-45   图8-46   图8-47

步骤 12 在舞台窗口中选中组件"四川",在"动作"面板的"脚本窗口"中输入脚本语言,"动作"面板中的效果如图8-48所示。在舞台窗口中选中组件"云南",在"动作"面板的"脚本窗口"中输入脚本语言,"动作"面板中的效果如图8-49所示。在舞台窗口中选中"贵州",在"动作"面板的"脚本窗口"中输入脚本语言,"动作"面板中的效果如图8-50所示。

图8-48   图8-49   图8-50

步骤 13 选中"问题"图层的第3帧,将"组件"面板中的"CheckBox"组件☒拖曳到舞台窗口中。选择组件"属性"面板,在"实例名称"选项的文本框中输入"panyanghu",如图8-51所示。调出"组件检查器"面板,在"label"选项的文本框中输入"潘阳湖",如图8-52所示。

步骤 14 再拖曳舞台窗口中1个"CheckBox"组件,选择组件"属性"面板,在"实例名称"选项的文本框中输入"dongtinghu",如图8-53所示。调出"组件检查器"面板,在"label"选项的文本框中输入"洞庭湖",如图8-54所示。

图8-51   图8-52   图8-53   图8-54

步骤 15 再拖曳舞台窗口中1个"CheckBox"组件,选择组件"属性"面板,在"实例名称"选项的文本框中输入"qinghaihu",如图8-55所示。调出"组件检查器"面板,在"label"选项的文本框中输入"青海湖",如图 8-56 所示。舞台窗口中组件的效果如图 8-57 所示。

图 8-55　　　　　　　　　　图 8-56　　　　　　　　　　图 8-57

步骤 16　在舞台窗口中选中组件"潘阳湖",在"动作"面板的"脚本窗口"中输入脚本语言,"动作"面板中的效果如图 8-58 所示。在舞台窗口中选中组件"洞庭湖",在"动作"面板的"脚本窗口"中输入脚本语言,"动作"面板中的效果如图 8-59 所示。在舞台窗口中选中"青海湖",在"动作"面板的"脚本窗口"中输入脚本语言,"动作"面板中的效果如图 8-60 所示。

```
1  on (click) {
2      _root.onclick1 ();
3  }
```

```
1  on (click) {
2      _root.onclick2 ();
3  }
```

```
1  on (click) {
2      _root.onclick3 ();
3  }
```

图 8-58　　　　　　　　　　图 8-59　　　　　　　　　　图 8-60

步骤 17　在"时间轴"面板中创建新图层并将其命名为"动作脚本"。分别选中"动作脚本"图层的第 2 帧、第 3 帧,插入关键帧。选中"动作脚本"图层的第 1 帧,在"动作"面板的"脚本窗口"中输入脚本语言,"动作"面板中的效果如图 8-61 所示。

步骤 18　选中"动作脚本"图层的第 2 帧,在"动作"面板的"脚本窗口"中输入脚本语言,"动作"面板中的效果如图 8-62 所示。选中"动作脚本"图层的第 3 帧,在"动作"面板的"脚本窗口"中输入脚本语言,"动作"面板中的效果如图 8-63 所示。百科知识问答制作完成,按 Ctrl+Enter 组合键即可查看。

```
1   stop();
2
3   function onclick () {
4       if (beibingyang.selected == true) {
5           answer = "正确";
6       } else {
7           answer = "错误";
8       }
9   }
10  function onclick1 () {
11      daxiyang.selected = false;
12      beibingyang.selected = false;
13      answer = "";
14  }
15  function onclick2 () {
16      taipingyang.selected = false;
17      beibingyang.selected = false;
18      answer = "";
19  }
20  function onclick3 () {
21      taipingyang.selected = false;
22      daxiyang.selected = false;
23      answer = "";
24  }
25
```

```
1   stop();
2
3   function onclick () {
4       if (sichuan.selected == true) {
5           answer = "正确";
6       } else {
7           answer = "错误";
8       }
9   }
10  function onclick1 () {
11      yunnan.selected = false;
12      guizhou.selected = false;
13      answer = "";
14  }
15  function onclick2 () {
16      sichuan.selected = false;
17      guizhou.selected = false;
18      answer = "";
19  }
20  function onclick3 () {
21      sichuan.selected = false;
22      yunnan.selected = false;
23      answer = "";
24  }
25
```

```
1   stop();
2
3   function onclick () {
4       if (qinghaihu.selected == true) {
5           answer = "正确";
6       } else {
7           answer = "错误";
8       }
9   }
10  function onclick1 () {
11      dongtinghu.selected = false;
12      qinghaihu.selected = false;
13      answer = "";
14  }
15  function onclick2 () {
16      panyanghu.selected = false;
17      qinghaihu.selected = false;
18      answer = "";
19  }
20  function onclick3 () {
21      panyanghu.selected = false;
22      dongtinghu.selected = false;
23      answer = "";
24  }
25
```

图 8-61　　　　　　　　　　图 8-62　　　　　　　　　　图 8-63

中等职业教育数字艺术类规划教材

8.1.4 【相关工具】

◎ "Button"组件

"Button"组件是一个可调整大小的矩形用户界面按钮,可以给按钮添加一个自定义图标,也可以将按钮的行为从按下改为切换。在单击切换按钮后,它将保持按下状态,直到再次单击时才会返回到弹起状态。可以在应用程序中启用或者禁用按钮。在禁用状态下,按钮不接收鼠标或键盘输入。

在"组件"面板中将"Button"组件拖曳到舞台窗口中,如图 8-64 所示。在"组件检查器参数"面板中,显示出组件的参数,如图 8-65 所示。

图 8-64   图 8-65

"emphasized"选项:设置组件是否加重显示。

"enabled"选项:设置组件是否激活状态。

"label"选项:设置按钮上显示的文字,默认状态下为"Label"。

"labelPlacement"选项:确定按钮上的文字相对于图标的方向。

"selected"选项:如果"toggle"参数值为"true",则该参数指定按钮是处于按下状态"true"还是弹起状态"false"。

"toggle"选项:将按钮转变为切换开关。如果参数值为"true",那么按钮在按下后保持按下状态,直到再次单击时才返回到弹起状态;如果参数值为"false",那么按钮的行为与普通按钮相同。

"visible"选项:设置组件的可见性。

◎ "CheckBox"组件

复选框是一个可以选中或取消的方框,可以在应用程序中启用或者禁用复选框。如果复选框已启用,用户单击它或者它的名称,复选框会出现对号标记显示为选中状态。如果用户在复选框或其名称上按下鼠标左键后,将鼠标指针移动到复选框或其名称的边界区域之外,那么复选框没有被选中,也不会出现对号标记。如果复选框被禁用,那么它会显示其禁用状态,而不响应用户的交互操作,在禁用状态下,按钮不接收鼠标或键盘输入。

在"组件"面板中将"CheckBox"组件拖曳到舞台窗口中,如图 8-66 所示。在"组件检查器参数"面板中,显示出组件的参数,如图 8-67 所示。

图 8-66   图 8-67

"enabled"选项：设置组件是否激活状态。

"label"选项：设置复选框的名称，默认状态下为"CheckBox"。

"labelPlacement"选项：设置名称相对于复选框的位置，默认状态下，名称在复选框的右侧。

"selected"选项：将复选框的初始值设为勾选"true"或取消勾选"false"。

"visible"选项：设置组件的可见性。

下面将介绍"CheckBox"组件☑的应用的方法。

将"CheckBox"组件☑拖曳到舞台窗口中，在"组件检查器"面板中的"label"文本框中输入"香蕉"，如图 8-68 所示，组件的名称也随之改变，如图 8-69 所示。

用相同的方法再制作 2 个组件，如图 8-70 所示。按 Ctrl+Enter 组合键即可测试影片，可以随意选中多个复选框，如图 8-71 所示。在"labelPlacement"选项中可以设置名称相对于复选框的位置，如果选择"left"，那么名称在复选框的左侧，如图 8-72 所示。如果将"香蕉"组件的"selected"设定为"true"，那么"香蕉"复选框的初始状态为被勾选，如图 8-73 所示。

图 8-68   图 8-69   图 8-70   图 8-71   图 8-72   图 8-73

8.1.5 【实战演练】制作健身俱乐部调查表

使用 Radio Button 组件、CheckBox 组件、ComboBox 组件和 TextInput 组件制作调查表效果。（最终效果参看光盘中的"Ch08 > 效果 > 制作健身俱乐部调查表"，见图 8-74。）

图 8-74

8.2　制作古玉欣赏课件

8.2.1　【案例分析】

古玉为古代美石之泛称，具有质地细腻、色泽湿润、莹和光洁、冬不冰手、夏无激感等优点。美玉可以把玩欣赏，也可用来存储收藏，更具有极高的文化内涵和历史价值，遂为世人所喜爱。本案例是为文化公司设计制作的古玉欣赏课件，在设计上要能体现出我国玉文化悠久的历史和极高的文化内涵。

8.2.2　【设计理念】

在设计制作过程中，页面背景采用了水墨画的形式，表现出中国传统文化的氛围。然后设计古玉互相之间的出场顺序来增加古玉的观赏性。最后在舞台窗口中更换不同的古玉图片和文字，完美体现出古玉的文化内涵和历史价值。（最终效果参看光盘中的"Ch08 > 效果 > 制作古玉欣赏课件"，见图 8-75。）

图 8-75

8.2.3　【操作步骤】

1. 导入元件

步骤 1 选择"文件 > 新建"命令，在弹出的"新建文档"对话框中选择"Flash 幻灯片演示文稿"选项，单击"确定"按钮进入幻灯片舞台窗口。在舞台窗口的左侧的"屏幕"面板中选中"演示文稿"，如图 8-76 所示。选择"文件 > 导入 > 导入到舞台"命令，弹出"导入"对话框，选择"Ch08 > 素材 > 制作古玉欣赏课件 > 底图"文件，单击"打开"按钮，文件被导入舞台窗口中。将图片放置在舞台窗口的正中心位置，效果如图 8-77 所示。

图 8-76

步骤 2 在"屏幕"面板中选中"幻灯片 1"，如图 8-78 所示。选择"文件 > 导入 > 导入到舞台"命令，弹出"导入"对话框，选择"Ch08 > 素材 > 制作古玉欣赏课件 > 水墨 1、文字、玉石"文件，单击"打开"按钮，文件被导入舞台窗口中并放置到适当的位置，效果如图 8-79 所示。

图 8-77　　　　　　　　　　图 8-78　　　　　　　　　　图 8-79

步骤 ③ 在"屏幕"面板中选中"幻灯片 1"，在弹出的菜单中选择"插入屏幕"命令，插入屏幕"幻灯片 2"，如图 8-80 所示。选择"文件 > 导入 > 导入到舞台"命令，弹出"导入"对话框，选择"Ch08 > 素材 > 制作古玉欣赏课件 > 水墨 2"文件，单击"打开"按钮，文件被导入舞台窗口中并放置到适当的位置，效果如图 8-81 所示。

步骤 ④ 在"屏幕"面板中右键单击"幻灯片 2"，在弹出的菜单中选择"插入嵌套屏幕"命令，插入屏幕"幻灯片 3"，如图 8-82 所示。

图 8-80　　　　　　　　　　图 8-81　　　　　　　　　　图 8-82

步骤 ⑤ 选择"文件 > 导入 > 导入到舞台"命令，弹出"导入"对话框，选择"Ch08 > 素材 > 制作古玉欣赏课件 > 玉石 2"文件，单击"打开"按钮，文件被导入舞台窗口中并放置到适当的位置，效果如图 8-83 所示。

步骤 ⑥ 选择"文本"工具 T，在文本工具"属性"面板中进行设置，在舞台窗口中适当的位置输入大小为 14，字体为"方正隶书简体"的黑色文字，文字效果如图 8-84 所示。

步骤 ⑦ 在"屏幕"面板中右键单击"幻灯片 3"，在弹出的菜单中选择"插入屏幕"命令，插入屏幕"幻灯片 4"。在"幻灯片 4"的舞台窗口中导入"玉石 2"图片，并在舞台窗口中输入需要的黑色文字，效果如图 8-85 所示。

图 8-83　　　　　　　　　　图 8-84　　　　　　　　　　图 8-85

步骤 8　在"屏幕"面板中右键单击"幻灯片 4"，在弹出的菜单中选择"插入屏幕"命令，插入屏幕"幻灯片 5"。在"幻灯片 5"的舞台窗口中导入"玉石 3"图片，并在舞台窗口中输入需要的黑色文字，效果如图 8-86 所示。

步骤 9　在"屏幕"面板中右键单击"幻灯片 5"，在弹出的菜单中选择"插入屏幕"命令，插入屏幕"幻灯片 6"。在"幻灯片 6"的舞台窗口中导入"玉石 4"图片，并在舞台窗口中输入需要的黑色文字，效果如图 8-87 所示。

步骤 10　在"屏幕"面板中右键单击"幻灯片 6"，在弹出的菜单中选择"插入屏幕"命令，插入屏幕"幻灯片 7"。在"幻灯片 7"的舞台窗口中导入"玉石 5"图片，并在舞台窗口中输入需要的黑色文字，效果如图 8-88 所示。

图 8-86　　　　　　　　　　　图 8-87　　　　　　　　　　　图 8-88

2. 制作按钮元件

步骤 1　在"库"面板中新建按钮元件"元件 1"，进入按钮元件的舞台窗口。选择"矩形"工具，在矩形"属性"面板中将"笔触颜色"设为黑色，"填充颜色"设为白色，"笔触"选项设为 1，其他选项的设置如图 8-89 所示，在舞台窗口中绘制 1 个圆角矩形，效果如图 8-90 所示。

步骤 2　选择"文本"工具，在文本工具"属性"面板中进行设置，在舞台窗口中适当的位置输入大小为 20，字体为"方正黄草简体"的黑色文字，文字效果如图 8-91 所示。

图 8-89　　　　　　　　　图 8-90　　　　　图 8-91

步骤 3　选中"图层 1"图层的"指针经过"帧，插入空白关键帧，如图 8-92 所示。用相同的方法再次绘制 1 个圆角矩形并输入需要的文字，要保持图形的位置与"弹起"帧中的图形位置相同，如图 8-93 所示。

步骤 4　在"屏幕"面板中选中"幻灯片 1"，将"库"面板中的按钮元件"元件 1"拖曳到舞台窗口的左下方，如图 8-94 所示。

按键盘中方向键的"左"、"右"两键来控制观看课件

帮助

图 8-92   图 8-93   图 8-94

步骤 5 在"屏幕"面板中选中"幻灯片 1",选择"窗口 > 行为"命令,弹出"行为"面板。单击面板中的"添加行为"按钮 ,在弹出的菜单中选择"屏幕 > 过渡"命令,在弹出的"转变"对话框左侧的样式列表中选择"淡入/淡出",其他选项的设置如图 8-95 所示。单击"确定"按钮,"行为"面板中加载上事件,如图 8-96 所示。

步骤 6 在"屏幕"面板中选中"幻灯片 2",在"行为"面板上单击"添加行为"按钮 ,在弹出的菜单中选择"屏幕 > 过渡"命令,弹出"转变"对话框。在对话框左侧的样式列表中选择"遮帘",在"方向"选项组中选中"水平"单选项,其他选项的设置如图 8-97 所示,单击"确定"按钮,"行为"面板中加载上事件。

图 8-95   图 8-96   图 8-97

步骤 7 单击"事件"选项下方的"reveal",在弹出的下拉列表中选择"revealChild"(选择此选项,则"幻灯片 2"中所包含的子屏幕都应用这种样式),如图 8-98 所示,选择后效果如图 8-99 所示,古玉欣赏课件制作完成,按 Ctrl+Enter 组合键即可查看效果,如图 8-100 所示。

图 8-98   图 8-99   图 8-100

8.2.4 【相关工具】

1. 创建幻灯片

选择"文件 > 新建"命令,在弹出的"新建文档"对话框中选择"Flash 幻灯片演示文稿"选项,如图 8-101 所示。

Flash CS4 幻灯片演示文稿的默认工作界面如图 8-102 所示。"时间轴"面板呈折叠状态。工作界面的左侧是一个显示幻灯片文稿结构的面板。面板在默认状态下包含一个最高层屏幕（默认名称为"演示文稿"）和一个子屏幕（默认名称为"幻灯片 1"）。

图 8-101

图 8-102

最高层屏幕是向文档中添加所有内容的容器，它包含所有其他的屏幕。可以将内容放置在顶层屏幕中，但不能删除或移动它。在顶层屏幕下面添加的都是子屏幕，子屏幕中还可以再嵌套子屏幕，包含一个子屏幕的屏幕是父屏幕。子屏幕继承了父屏幕中的显示内容和行为，并且可以在动作脚本中应用目标路径从一个屏幕向另一个屏幕传递消息。屏幕并不出现在"库"面板中，因此不能创建屏幕的实例。

2. 设置幻灯片

鼠标右键单击屏幕名称，弹出的快捷菜单如图 8-103 所示。

"插入屏幕"命令：用于插入新的屏幕。用鼠标右键单击"幻灯片 1"，在弹出的菜单中选择"插入屏幕"命令，如图 8-104 所示，插入"幻灯片 2"。"幻灯片 2"与"幻灯片 1"位于相同的级别，都是最高层屏幕"演示文稿"的子屏幕，而最高层屏幕"演示文稿"为"幻灯片 2"与"幻灯片 1"的父屏幕，如图 8-100 所示。

图 8-103　　　　　　　　图 8-104　　　　　　　　图 8-105

"插入嵌套屏幕"命令：用于插入新的嵌套屏幕。右键单击"幻灯片 1"，在弹出的快捷菜单中选择"插入嵌套屏幕"命令，如图 8-106 所示，插入"幻灯片 3"。"幻灯片 3"与"幻灯片 2"位于不同的级别。"幻灯片 3"是"幻灯片 2"的子屏幕，而"幻灯片 2"是"幻灯片 3"的父屏幕，如图 8-107 所示。

"插入屏幕类型"命令：用于选择插入屏幕的类型，其中包含 3 种类型，如图 8-108 所示。"幻灯片"命令用于插入一个新的幻灯片屏幕，"表单"命令用于插入一个新的表单，"保存的模板"

命令用于插入保存的模板。

图 8-106

图 8-107

图 8-108

"剪切"命令：用于剪切当前选中的屏幕。

"复制"命令：用于复制当前选中的屏幕。

"粘贴"命令：将复制的屏幕进行粘贴，粘贴后的屏幕是原来屏幕的兄弟屏幕。

例如，复制"幻灯片3"，选择"粘贴"命令，显示出"幻灯片3_副本"，它与"幻灯片3"之间为同一级别，是兄弟屏幕的关系，如图8-109所示。

"粘贴嵌套屏幕"命令：将复制的屏幕进行粘贴，粘贴后的屏幕是原来屏幕的子屏幕。

例如，复制"幻灯片3"，选择"粘贴嵌套屏幕"命令，显示出"幻灯片4"，它与"幻灯片3"之间为不同级别，它是"幻灯片3"的子屏幕，如图8-110所示。

图 8-109   图 8-110

"删除屏幕"命令：删除当前选中的屏幕。

"隐藏屏幕"命令：隐藏当前选中屏幕上的所有图形。

3. 添加转变样式

屏幕与屏幕之间在直接转换时会显得有些生硬，可以为屏幕添加转变样式，使屏幕产生淡入/淡出、划入、飞行或旋转等效果。

选择要添加样式的屏幕，选择"窗口 > 行为"命令，弹出"行为"面板。单击"添加行为"按钮，在弹出的菜单中选择"屏幕 > 过渡"命令，如图 8-111 所示，弹出"转变"对话框，如图 8-112 所示。拖曳对话框左侧的滚动条，选择要添加的样式，在右侧设置相应的选项值，单击"确定"按钮，在"行为"面板中出现设置好的样式，如图 8-113 所示。

图 8-111   图 8-112   图 8-113

在"行为"面板中再制作相同的事件，单击"reveal"右侧的按钮，如图 8-114 所示。在弹出的下拉列表中选择事件"move"，如图 8-115 所示，完成效果如图 8-116 所示。

图 8-114   图 8-115   图 8-116

8.2.5 【实战演练】制作美食欣赏课件

使用文本工具为美食添加说明文字，使用幻灯片制作图片切换效果，使用"行为"面板为幻灯片添加像素溶解和照片效果，使用按钮元件控制幻灯片的播放。（最终效果参看光盘中的"Ch08 > 效果 > 制作美食欣赏课件"，见图 8-117。）

图 8-117

8.3 制作小精灵撒花

8.3.1 【案例分析】

小精灵撒花的构思是把它设计成一个生动有趣的益智类小游戏,在界面的设计上要活泼轻松,在游戏的玩法上要趣味精巧。

8.3.2 【设计理念】

在设计制作过程中，根据构思制作一幅夏日风景图作为背景，使游戏画面活泼生动，游戏动画效果要制作出精灵撒花的效果。在制作精灵沿路径向前移动的同时，所经过的地方花朵会显示出来。游戏简单精巧，寓教于乐。（最终效果参看光盘中的"Ch08 > 效果 > 制作小精灵撒花"，见图 8-118。）

图 8-118

8.3.3 【操作步骤】

步骤 1 选择"文件 > 新建"命令，在弹出的"新建文档"对话框中选择"Flash 文件"选项，单击"确定"按钮，进入新建文档舞台窗口。按 Ctrl+F3 组合键，弹出文档"属性"面板，单击面板中的"编辑"按钮 编辑... ，弹出"文档属性"对话框，将"宽度"选项设为 450，"高度"选项设为 511，单击"确定"按钮，改变舞台窗口的大小。

步骤 2 选择"文件 > 导入 > 导入到库"命令，在弹出的"导入到库"对话框中选择"Ch08 > 素材 > 制作小精灵撒花 >01、02、03、04、05、06、07"文件，单击"打开"按钮文件被导入"库"面板中，如图 8-119 所示。

步骤 3 将"图层 1"重命名为"底图"，如图 8-120 所示。将"库"面板中的位图"01"拖曳到舞台窗口中，效果如图 8-121 所示。选中"底图"图层的第 150 帧，插入普通帧。

图 8-119

图 8-120

图 8-121

步骤 4 单击"时间轴"面板下方的"新建图层"按钮，创建新图层并将其命名为"小精灵"。将"库"面板中的图形元件"元件 2"拖曳到舞台窗口中，效果如图 8-122 所示。

步骤 5 用鼠标右键单击"小精灵"图层，在弹出的菜单中选择"添加传统运动引导层"命令，新增"引导层：小精灵"图层，如图 8-123 所示。

步骤 6 选择"铅笔"工具，在工具箱中将"笔触颜色"设为白色，在舞台窗口中绘制一条曲线，效果如图 8-124 所示。

步骤 7 选中"小精灵"图层的第 1 帧，将舞台窗口中的"元件 2"实例拖曳到曲线的右端，如图 8-125 所示。选中"小精灵"图层的第 150 帧，插入关键帧。将"元件 2"实例拖曳到曲线的左端，效果如图 8-126 所示。用鼠标右键单击"小精灵"图层的第 1 帧，在弹出的菜单中选择"创建传统补间"命令，生成传统补间动画，如图8-127所示。

图8-122　　　　　　　图8-123　　　　　　　图8-124

图8-125　　　　　　　图8-126　　　　　　　图8-127

步骤 8 单击"时间轴"面板下方的"新建图层"按钮，创建新图层并将其命名为"花朵"，将"花朵"图层拖曳到"小精灵"图层的下方，如图8-128所示。选中"花朵"图层的第51帧，插入关键帧。将"库"面板中的图形元件"元件4"拖曳到舞台窗口中，选择"任意变形"工具，缩小实例并放置到适当的位置，效果如图8-129所示。

步骤 9 选中"花朵"图层的第56帧，插入关键帧。将"库"面板中的图形元件"元件5"拖曳到舞台窗口中，缩小实例，并放置到适当的位置，效果如图8-130所示。

图8-128　　　　　　　图8-129　　　　　　　图8-130

步骤 10 选中"花朵"图层的第60帧，插入关键帧。将"库"面板中的图形元件"元件3"拖曳到舞台窗口中，缩小实例并放置到适当的位置，效果如图8-131所示。选中"花朵"图层的第66帧，插入关键帧。将"库"面板中的图形元件"元件2"拖曳到舞台窗口中，缩小实例并放置到适当的位置，效果如图8-132所示。

步骤 11 选中"花朵"图层的第74帧，插入关键帧。分别将"库"面板中的图形元件"元件4"、"元件5"拖曳到舞台窗口中，缩小实例并放置到适当的位置，效果如图8-133所示。选中"花朵"图层的第81帧，插入关键帧。分别将"库"面板中的图形元件"元件3"、"元件6"拖曳到

图8-131　　　　　　　图8-132

舞台窗口中，缩小实例并放置到适当的位置，效果如图 8-134 所示。

步骤 12 选中"花朵"图层的第 84 帧，插入关键帧。将"库"面板中的图形元件"元件 4"拖曳到舞台窗口中，缩小实例并放置到适当的位置，效果如图 8-135 所示。选中"花朵"图层的第 86 帧，插入关键帧。将"库"面板中的图形元件"元件 7"拖曳到舞台窗口中，缩小实例并放置到适当的位置，效果如图 8-136 所示。

图 8-133　　　　　　图 8-134　　　　　　图 8-135　　　　　　图 8-136

步骤 13 选中"花朵"图层的第 92 帧，插入关键帧。将"库"面板中的图形元件"元件 4"拖曳到舞台窗口中，缩小实例并放置到适当的位置，效果如图 8-137 所示。选中"花朵"图层的第 94 帧，插入关键帧。将"库"面板中的图形元件"元件 6"拖曳到舞台窗口中，缩小实例并放置到适当的位置，效果如图 8-138 所示。选中"花朵"图层的第 109 帧，插入关键帧，将"库"面板中的图形元件"元件 5"拖曳到舞台窗口中，缩小实例并放置到适当的位置，效果如图 8-139 所示。

图 8-137　　　　　　图 8-138　　　　　　图 8-139

步骤 14 选中"花朵"图层的第 111 帧，插入关键帧，将"库"面板中的图形元件"元件 3"拖曳到舞台窗口中，缩小实例并放置到适当的位置，效果如图 8-140 所示。选中"花朵"图层的第 112 帧，插入关键帧，将"库"面板中的图形元件"元件 6"拖曳到舞台窗口中，缩小实例并放置到适当的位置，效果如图 8-141 所示。

图 8-140　　　　　　　　　　图 8-141

步骤 15 单击"时间轴"面板下方的"新建图层"按钮，创建新图层并将其命名为"动作脚本"，将"动作脚本"图层拖曳到"引导层：小精灵"图层的上方，如图 8-142 所示。选中"动作脚本"图层的第 150 帧，插入关键帧。选择"窗口 > 动作"命令，弹出"动作"面板，在面板中单击"将新项目添加到脚本中"按钮，在弹出的菜单中选择"全局函数 > 时间轴控制 > stop"命令。在"脚本窗口"中显示出选择的脚本语言，如图 8-143 所示。设置好动作脚本后，关闭"动作"面板。在"动作脚本"图层的第 150 帧上显示出一个标记"a"。小精灵撒花制作完成，按 Ctrl+Enter 组合键即可查看效果，如图

图 8-142

8-144 所示。

图 8-143

图 8-144

8.3.4 【相关工具】

1. 普通引导层

普通引导层主要用于为其他图层提供辅助绘图和绘图定位，引导层中的图形在播放影片时是不会显示的。

◎ **创建普通引导层**

用鼠标右键单击"时间轴"面板中的某个图层，在弹出的快捷菜单中选择"引导层"命令，如图 8-145 所示。该图层转换为普通引导层，此时，图层前面的图标变为✎，如图 8-146 所示。

还可在"时间轴"面板中选中要转换的图层，选择"修改 > 时间轴 > 图层属性"命令，弹出"图层属性"对话框，在"类型"选项组中选中"引导层"单选项，如图 8-147 所示。单击"确定"按钮，选中的图层转换为普通引导层，此时图层前面的图标变为✎，如图 8-148 所示。

图 8-145

图 8-146

图 8-147

图 8-148

◎ **将普通引导层转换为普通图层**

如果要在播放影片时显示引导层上的对象，还可将引导层转换为普通图层。

用鼠标右键单击"时间轴"面板中的引导层，在弹出的菜单中选择"引导层"命令，如图 8-149 所示。引导层即可转换为普通图层，此时图层前面的图标变为▢，如图 8-150 所示。

还可在"时间轴"面板中选中某个引导层，选择"修改 > 时间轴 > 图层属性"命令，弹出"图层属性"对话框，在"类型"选项组中选中"一般"单选项，如图 8-151 所示。单击"确定"按钮，选中的引导层转换为普通图层，此时图层前面的图标变为▢，

图 8-149

如图 8-152 所示。

图 8-150　　　　　　　　图 8-151　　　　　　　　图 8-152

2. 运动引导层

运动引导层的作用是设置对象运动路径的导向，使与之相链接的被引导层中的对象沿着路径运动，运动引导层上的路径在播放动画时不显示。在运动引导层上还可创建多个运动轨迹，以引导被引导层上的多个对象沿不同的路径运动。要创建按照任意轨迹运动的动画就需要添加运动引导层，但创建运动引导层动画时要求是传统补间动画，形状补间与逐帧动画不可用。

◎ **创建运动引导层**

选中要添加运动引导层的图层，单击鼠标右键，在弹出的菜单中选择"添加传统运动引导层"命令，如图 8-153 所示，为图层添加运动引导层，此时引导层前面出现图标 形状，如图 8-154 所示。

图 8-153　　　　　　　　图 8-154

提　示　一个引导层可以引导多个图层上的对象按运动路径运动。如果要将多个图层变成某一个运动引导层的被引导层，只需在"时间轴"面板上将要变成被引导层的图层拖曳至引导层下方即可。

◎ **将运动引导层转换为普通图层**

将运动引导层转换为普通图层的方法与普通引导层转换为普通图层的方法一样，这里不再赘述。

◎ **应用运动引导层制作动画**

打开光盘中的"基础素材 > Ch08 > 蝴蝶"文件，用鼠标右键单击"图层 1"在弹出的快捷菜单中选择"添加传统运动引导层"命令添加引导层，如图 8-155 所示。

选择"铅笔"工具 ，在引导层的舞台窗口中绘制 1 条曲线，效果如图 8-156 所示。选中"图层 1"的第 100 帧，插入关键帧。选中"引导层"的第 100 帧，插入普通帧。

用鼠标右键单击"图层 1"的第 1 帧，在弹出的菜单中选择"创建传统补间"命令，生成传统补间动画，如图 8-157 所示。

图 8-155　　　　　　　　图 8-156　　　　　　　　图 8-157

选中"图层 1"的第 1 帧，在舞台窗口中将舞蝶拖曳到曲线的下方端点上，如图 8-158 所示。选中"图层 1"的第 100 帧，在舞台窗口中将蝴蝶拖曳到上方的端点上，如图 8-159 所示。选择"任意变形"工具，调整蝴蝶图形的倾斜度，并将蝴蝶图形的中心点和弧线对齐，如图 8-160 所示。

图 8-158　　　　　　　　图 8-159　　　　　　　　图 8-160

选中"图层 1"的第 1 帧，调出帧"属性"面板，勾选"补间"选项组中的"调整到路径"选项。运动引导层动画制作完成。

在不同的帧中动画显示的效果如图 8-161 所示。按 Ctrl+Enter 组合键即可测试动画效果，在动画中弧线将不被显示。

（a）第 1 帧　　　　　　　（b）第 20 帧　　　　　　　（c）第 40 帧

（d）第 60 帧　　　　　　　（e）第 80 帧　　　　　　　（f）第 100 帧

图 8-161

8.3.5 【实战演练】制作圣诞老人送礼物

使用运动引导层制作圣诞老人沿路径移动的效果，使用文本工具添加标题文字，使用"创建传统补间"命令制作动画效果。（最终效果参看光盘中的"Ch08 > 效果 > 制作圣诞老人送礼物"，见图 8-162。）

图 8-162

8.4 综合演练——制作美食知识问答

使用 CheckBox 组件制作多个选项效果，使用 Button 组件制作按钮效果，使用属性面板更改组件的名称，使用文本工具创建输入文本框和标题。（最终效果参看光盘中的"Ch08 > 效果 > 制作美食知识问答"，见图 8-163。）

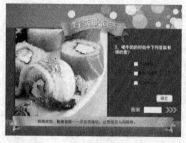

图 8-163

8.5 综合演练——制作飘落的信件

使用引导层制作信件沿路径飘落效果，使用"创建传统补间"命令，制作补间动画，（最终效果参看光盘中的"Ch08 > 效果 > 制作飘落的信件"，见图 8-164。）

图 8-164